嘉应学院出版基金
广东省科技计划项目（2020B121201013）
八师石河子市人才发展专项资金项目（2017—2019） 联合资助
新疆自治区优秀博士后研究人员项目（207495）
“兵团英才”选拔培养工程（2020—2023）

烟气脱硫石膏改良干旱区碱化土壤研究

张 豫 等 编著

中国农业科学技术出版社

图书在版编目（CIP）数据

烟气脱硫石膏改良干旱区碱化土壤研究 / 张豫等编著 . --北京：中国农业科学技术出版社，2021.10

ISBN 978-7-5116-5274-4

Ⅰ.①烟… Ⅱ.①张… Ⅲ.①烟气脱硫-石膏-应用-干旱区-盐碱土-土壤改良-研究 Ⅳ.①S156.4

中国版本图书馆 CIP 数据核字（2021）第 065980 号

责任编辑 张国锋
责任校对 贾海霞
责任印制 姜义伟 王思文

出 版 者 中国农业科学技术出版社
北京市中关村南大街 12 号 邮编：100081
电　　话 (010)82106625(编辑室) (010)82109702(发行部)
(010)82109709(读者服务部)
传　　真 (010)82106625
网　　址 http://www.castp.cn
经 销 者 各地新华书店
印 刷 者 北京建宏印刷有限公司
开　　本 148 mm×210 mm 1/32
印　　张 5.25
字　　数 160 千字
版　　次 2021 年 10 月第 1 版 2021 年 10 月第 1 次印刷
定　　价 58.00 元

《烟气脱硫石膏改良干旱区碱化土壤研究》

编著人员名单

张　豫　朱拥军　石荣媛　王则玉
何　帅　刘洪亮　陈燕奎　吴奇峰

前　　言

随着人口增长，土地可利用面积减少，大面积碱地成为我国干旱地区重要的后备土地资源，但目前部分干旱地区碱化严重，寸草不生、长年荒芜，是干旱地区植被重建的最大障碍。改良碱化土壤对我国西北干旱地区的经济持续健康发展、生态环境保护等具有重要意义。如果依靠自然降雨淋洗和植被演替修复干旱地区碱地需要几十年才能完成。一百多年前石膏就被用来改良碱化土壤。烟气脱硫石膏是燃煤电厂烟气脱硫后的副产物（主要成分为 $CaSO_4 \cdot 2H_2O$）。如果烟气脱硫石膏能够用于干旱地区碱化土壤的改良，不仅为烟气脱硫石膏的应用开拓一个新的应用领域，也能够形成一套加快干旱地区脱碱过程、改善干旱地区土地质量的新技术，为解决西北干旱地区土地资源缺乏和碱化土壤可持续利用提供一个新的途径。

本研究基于研究区土壤碱化特征和烟气脱硫石膏品质，通过盆栽试验和大田试验，以确认：①烟气脱硫石膏对干旱地区碱土的改良效果；②烟气脱硫石膏改良碱土冲洗定额；③烟气脱硫石膏改良碱土的施用技术；④$NaCl$ 和 Na_2SO_4 对 $CaSO_4$ 溶解度的影响；⑤烟气脱硫石膏对碱土 N、P、K 有效含量的影响；⑥使用烟气脱硫石膏的安全性。

本项研究的主要结果如下。

（1）碱土改良过程中石膏渗漏损失最高可达到石膏施入量的40%以上，而改良结果碱土只转化为重碱化土。

（2）在改良碱土机理一致的情况下，脱硫石膏和纯石膏的改良过程及效果基本一致，脱硫石膏可以沿用纯石膏的经验和理论。

（3）脱硫石膏改良碱土的灌溉水总量以 800t/亩（1 亩≈$667m^2$）为宜，此时脱硫石膏与交换性钠的作用较强，改良效果较好。

（4）在施用技术上，施用量和灌水量相同的脱硫石膏，分次施入比一次施入的溶解量大，同时渗漏和转化部分相应增大。

（5）$NaCl$、水和 Na_2SO_4 溶液对 $CaSO_4$ 溶解量的促进作用在各自单独灌洗时依次为 NaCl>水>Na_2SO_4，但在改良碱土的过程中，盐效应和同离子效应只在石膏的溶解度方面有相似的规律。

（6）脱硫石膏可降低碱土 pH 值，且改良效果与施用量、施用时间呈正相关；脱硫石膏对非碱化土壤碱解氮的影响呈现正效应，改良效果与施用量呈负相关，与施用时间呈正相关；脱硫石膏对碱土速效磷的影响呈现正效应，改良效果与施用量相关性弱，与施用时间呈正相关；脱硫石膏对碱土速效钾的影响呈现微弱的负效应。

（7）脱硫石膏施用对干旱区碱土具有低的环境风险。除了 Hg 之外，我国脱硫石膏重金属一般含量不高，建议不采用 Hg 超过标准值的烟气脱硫石膏，以确保生态安全。

编著者

2021 年 3 月

目　　录

1 概述

1.1 研究背景

随着国家对粮食安全要求的提高和耕地面积的不断缩减，土壤盐碱化已严重影响了我国农业和畜牧业的发展，成为制约我国乃至世界粮食安全的重要因素。在人口不断膨胀的背景下，扩大耕地面积和提高单位面积产量已成为保障粮食安全的重要途径。盐碱地通常所处地形平坦，且土层深厚易于耕作，对盐碱地进行有效的改良利用可以有效增加耕地面积、增加粮食产量，进而在一定程度上缓解粮食危机，因而盐碱化土壤的改良利用不仅是世界各国政府高度重视的土壤环境问题，亦已成为国际土壤学研究的热点之一[1,2]。改良盐土的方法主要是对其进行充分的淋洗，但是碱化土壤代换性钠含量高导致的土粒分散、透水性差的特点决定了常规淋洗无法达到预期的改良效果。为此，国内外深入开展碱化土壤的改良利用研究，特别是通过向碱化土壤中施用石膏来增加土壤中 Ca^{2+} 以代换土壤胶体上多余的 Na^{+} 的方法被广泛认可[3,4]。但是由于资源稀缺、价格昂贵等原因，导致利用纯石膏改良碱化土壤在实际中应用推广较少。

脱硫石膏被认为是一种更加经济和环保的碱化土壤改良剂，由于其是热电厂烟气脱硫过程形成的副产物，因此也被称为脱硫副产物。脱硫副产物主要成分为 $CaSO_4$ 或 $CaSO_4$ 与 $CaSO_3$ 的混合物，外观和性状与天然石膏类似，但因为含有较多杂质，无法直接用于工业生产，因而多数被闲置，且使用成本低，因此脱硫副产物被广泛应用于碱土改良研究[5,6]。

烟气脱硫石膏改良盐碱土的原理可简单归纳为两个方面：一是改善盐碱土壤物理结构和透性，二是降低盐碱土壤的碱化度和 pH 值。具体改良原理如下[7]。

盐碱土壤胶体粒子长期与盐碱土中的可溶性 Na^+ 接触成为含可交换性 Na^+ 的胶体粒子，含钠胶体粒子在土壤中能够吸附水分子，分散性好，散布于土壤颗粒之间的细缝中，形成致密、不透水、透气性差的板结土层，影响植物的正常生长。因此，改良盐碱土壤的关键是提供含 Ca^{2+} 的钙源置换土壤胶体中的交换性 Na^+。将烟气脱硫石膏施入土壤后，烟气脱硫石膏中的 Ca^{2+} 与 Na^+ 相比，对土壤中胶体粒子的吸附能力强，会置换掉土壤胶体上过量的 Na^+，进而降低土壤碱化度。而吸附了 Ca^{2+} 的土壤胶体微粒外层不再吸附 H_2O，胶体微粒之间相互靠近并形成团粒结构，避免了土壤的板结硬化。对土壤进行淋洗或遇自然降水时，水分子渗入微粒使微粒团膨胀，然后在干燥过程中表土层出现龟裂现象，这一过程反复进行，土壤就形成团粒结构，透水透气性均得以改善，从而有利于作物根系吸收水分和养分，促进其生长。而置换下来的 Na^+ 与 SO_4^{2+} 结合形成的 Na_2SO_4 随水分迁移至更深土层，盐碱土耕层 Na^+ 降低，进而 pH 值也随之降低。目前，从已发表的文献看，对区域碱化土壤演化开展的研究较多，且田间试验研究则多以作物产量间接说明改良效果。此外，很多试验具有地区特点，只可借鉴不可照搬。

1.2 国内外盐碱土改良研究进展

1.2.1 盐碱土的形成过程

一般认为土壤盐渍化过程包括盐化和碱化两个不同的成土过程。盐化过程通常是指 NaCl、$CaCl_2$、Na_2SO_4、$MgSO_4$ 等中性或近中性盐类在土壤表层及土体中的积累过程，使土壤呈中性或碱性的反应[8]。在积盐初期，盐类常在土体及土壤表层积聚，当达到一定数量足以危害植物生长的程度时即发生盐化。碱化过程是指一定数量的钠离子（Na^+）进入土壤胶体所发生的吸收性复合体的过程。此时，土壤溶液中含有一定数量的 CO_3^{2-} 和 HO_3^{2-} 离子，并呈强碱性，pH 值常达 10 左右[9]。土壤颗粒高度分散，物理性状恶劣。通常盐土的形成主要是可溶性盐类在土壤表层的重新分配，而盐分在地表层的迁移和积聚是在一定的环境条件下形成的。首先，盐碱土的分布主要集中于干旱和半干旱地区，而这些地带都是以降水量少、蒸发量大为特征的，如我国华北内陆地区蒸发量为降水量的3.3~3.8倍，东北内陆为3~4倍，而在新疆维吾尔自治区（简称“新疆”）北疆为6~15倍，南疆为20~300倍[10]。在这种干旱气候条件下，土壤表层水分大量蒸发，土壤中的水分运行以上行水流为主，造成土壤盐渍化。

盐碱土多发生在地形较低的河流冲积平原、低平盆地、河流沿岸以及湖滨周围。从低洼地的局部地形看，在洼地边缘和洼地的局部高起部位，地表水分蒸发相对强烈，水分易散失，盐分容易积聚，常形成斑状盐碱土[11]。土壤中的盐分，除来自宇宙尘埃和火山活动外，还有来自海洋、岩石和人类通过河流将可溶性盐流入海洋，使海洋中的盐分与日俱增。再通过一定的方式从海洋转移到陆地。可通过风吹，将海水带到陆地，也可以通过地下渗透将海水渗入沿海的陆地。另外，沉积在海洋中的化石盐，也可以被重新溶解带到陆地上，或通过地下水流到植物根际，逐渐形成具有一定含盐量的土壤[12]。

1.2.2 盐碱土的成因

在常见的土壤可溶性盐类中，碳酸盐和重碳酸盐的溶解度最小，硫酸盐的溶解度次之，氯化物和硝酸盐的溶解度最大。因此，在土壤盐分的垂直分布方面，在最高处往往是碳酸盐和重碳酸盐，低处是硫酸盐，低洼处为氯化物和硝酸盐。各种盐的沉淀先后顺序是[13]：

$CaCO_3$—$MgCO_3$—$Ca(HCO_3)_2$—$Mg(HCO_3)_2$—$CaSO_4$—$NaHCO_3$—Na_2SO_4—Na_2CO_3—$MgSO_4$—$NaCl$—$MgCl_2$—$CaCl_2$—$NaNO_3$。

盐土形成和发育的最初原因是Na^+在土壤固相（或液相）的累积。可溶性Na^+的最初来源是各种地质形成物、岩石和沉积物的风化产物，这些物质的来源、风化难易及矿物和化学组成都不一样。盐分积累的先决条件是：盐分来源，包括原地的风化产物、地表和亚表层的水分，以及来自人类活动中灌溉、施肥和改良剂的所含盐分等，亦运输介质（水）；由于地形、水位差或张力差产生的溶液移动驱动力；不良的排水条件[14]。土壤吸收复合体中的离子组成和离子浓度取决于土壤固相和液相之间存在的平衡。吸收复合体的Na^+饱和度

(ESP 值) 取决于土壤溶液中 Na^+ 的绝对浓度和相对浓度，亦决定土壤中的钠盐和其他盐类的数量和溶解度。在存在碱化水解作用的钠盐情况下，多数钙和镁盐以沉淀形式出现，只有可溶钠盐留存在溶液中，并在土壤剖面内移动，因此，Na^+ 在阳离子中占有绝对优势。甚至在相当低的盐分浓度下，也可能产生高的 Na^+ 饱和度。土壤胶体的高 Na^+ 饱和度导致土壤物理性质和水分物理性质方面不利的变化。这些过程是不可逆的，所以不能通过淋洗予以调控[15-17]。

土壤在碱化过程中，土壤胶体中有较多的交换性钠，使土壤呈强碱性反应，并引起土壤物理性质的恶化，一般以交换性钠占交换性阳离子总量的40%以上为碱土指标，碱化过程往往与脱盐过程相伴发生[18]。碱化土壤在雨季脱盐时，钠离子可交换土壤胶体中的钙、镁离子；在旱季积盐时，碳酸钠会转化为游离苏打，而增高土壤的碱性。即使土壤含有碳酸钙、碳酸镁，也不能阻止钠离子进入土壤胶体，特别是土壤含有显著数量的化学碱性盐类更易碱化[19]。若在土壤积盐阶段，易溶盐类大量存在，碱化特征并不明显，土壤一旦脱盐，碱化特性便逐渐显露出来[20]。因此，可以说，碱化土壤中代换性钠的存在是碱化土壤形成的先决条件。碱化土壤胶体呈高度分散状态，地表湿时泥泞膨胀，干时收缩板结坚硬，常形成棱柱状或柱状构造的碱化层，有的在地表形成结皮或结壳，使土壤物理形状恶化，通透性和耕性极差，对一般植物生长发育极为不利[21]。碱土划分的指标为碱化层的碱化度大于30%，pH 值大于9，表层土壤含盐量不超过0.5%。土壤碱化度是一个相对数值，当土壤质地粗、有机质含量低时，土壤阳离子交换总量也低，即使交换性钠含量不高，但碱化度可能很高。从土壤碱化度与植物耐碱关系来看，当总碱度达20%，pH 值为9.5，碱化度大于30%时，几乎所有的农作物都会减产50%以上，甚至死亡[22]。俞仁培在《黄淮海平原的碱化问题及其防治》一书中亦指出：黄淮海平原碱化土壤多呈大小不一的斑块与其他盐渍土一起插花分布于耕地中，当地群众统称瓦碱[23]。典型的瓦碱大多为光板地，或仅稀疏生长剪刀股、罗布麻及骆驼蓬等耐盐碱植物。有时虽有作物生长，但常常缺苗，植株矮小瘦弱，结实不多。瓦碱的表层是1~2cm的灰白色紧实土结壳，表面平滑。结壳背面多海绵状气孔，结壳下紧接着为各种不同质地沉积物所组成的层状土层。瓦碱整个剖面的可溶盐含量都较低，表层含盐量一般不超过0.5%，心底土含盐量多在1%左右。典型瓦碱表层有轻度淋溶现象，淋溶层仅1~2cm，可溶盐组成中以碳酸钠、重碳酸钠为主，占总盐量的30%~60%。表层总碱度超过1mg当量/100g土，pH值多超过9。大部分瓦碱的质地较轻，有机质少，土壤盐基代换量一般多为3~5mg当量，因此碱化度很高，大多在20%以上，有的甚至高达70%左右。导致土壤高度分散，湿时泥泞，干时板结坚硬，通透性和适耕性都很差[24]。

同样，在海水浸渍影响下的盐分积累过程，地下水和地面渍涝水影响的盐分积累过程以及地面径流影响下的盐分积累过程也是在不同条件下形成盐碱土的积盐过程。地下水的矿化过程也遵循盐类溶解度规律，一般根据不同盐类在地下水中出现顺序将地下水分为三个矿化阶段：① 碳酸盐矿化水阶段；② 硫酸盐矿化水阶段；③ 氯化物矿化水阶段。呼和浩特地处土默川平原中东部，其地下水目前就处于碳酸盐矿化水阶段。矿化度不高，但地下水埋藏深度较浅，在干旱气候下易随水分蒸发积聚在地表。苏打有着巨大的碱化能力，可以使土壤溶液中的大部分Ca^{2+}、Mg^{2+}以碳酸盐的形式沉淀下来，进而大大提高了Na^{+}的代换能力，而代换出来的Ca^{2+}、Mg^{2+}，土壤溶液的pH值高，易沉淀下来，因此，即使土壤溶液和地下水中苏打浓度低，也可导致土壤盐碱化[14]。

众所周知，碱土与盐土的形成与土壤母质风化所产生的可溶性盐类的迁移、累积和淋溶密切相关。因此，盐分、水分是碱土与盐土形成的两个关键因素，而土壤中的盐类、水分的来源和数量与生物气候有密切关系。总的来说，碱土与碱化土壤的形成、分布、气候条件、地形地貌、成土母质以及水文地质条件有着密不可分的关系[22]。目前国际上将盐渍土形成过程概括分为现代积盐过程、残余积盐过程、碱化过程和脱碱化过程。对现代积盐过程的研究，多侧重于地下水导致土壤积盐的作用，少部分研究涉及海水浸入和生物积盐的作用。

1.2.3 盐碱土的分类

我国幅员辽阔，盐渍环境条件异常复杂，由于受距海洋远近的影响，同时又受到区域地质构造的影响，特别是第三纪后期，喜玛拉雅运动使青藏高原不断隆起。在这期间，受其影响的区域，形成区域地质构造的差异性。在生物气候带的控制下，我国盐渍土的分布组合类型具有较明显的区域性[22]。根据土壤学会制定的《中国土壤分类暂行草案》，我国盐碱土分为盐土和碱土两大类。其中，盐土又分为滨海盐土、草甸盐土、沼泽盐土、洪积盐土、残余盐土和碱化盐土六个亚类；碱土类又分为草甸碱土、草原碱土和龟裂碱土三个亚类。而从宏观上看，我国土壤盐渍类型可分为四大类，即现代盐渍类型、残余盐渍类型、碱化类型和潜在盐渍类型[25]。

1.2.4 盐碱土的分布

我国盐渍土地资源的分布范围相当广阔，总面积高达 9 913 万 hm^2，并且尚存约 1 733 万 hm^2 的潜在盐碱土，几乎占我国国土面积的 1/3。除了长江口以南的滨海盐渍土外，其分布地区的干燥度均大于 1，总的趋势是年平均蒸发量与降水量的比值越大，土壤积盐越强，积盐层也越深厚[26]。从东到西，随着生物气候带由半湿润、半干旱、干旱到漠境的水热条件的变化，各种盐渍土分布的广度和积盐强度逐渐增长，空间分布上从斑块状到片状，以致其连成大片。土壤碱化的发育及其程度则是逐渐减弱，即由以草甸碱化土为主过渡到以草原碱化土为主，以至形成以龟裂碱化土为主的具有地带性特征的分布趋势[27]。

我国的盐碱土广泛分布在长江以北的辽阔内陆地区，以及辽东半岛、渤海湾和苏北滨海狭长地带，浙江、福建、广东等沿海地区，以及台湾省和南海诸岛的沿岸也有零星分布。其分布的特点，主要是在地形比较低平，地面水流和地下径流都比较滞缓或者较易汇集的地段。

（1）滨海盐土：在辽宁、河北、山东、苏北沿海平原海岸地区呈带状分布，在苏南、浙江、福建、台湾等省区的沿海也有零星分布。

（2）草甸盐土：主要分布在我国的黄淮海平原、内蒙古河套平原、东北松辽平原以及山西大同晋中盆地和甘肃、青海、新疆的内陆盆地等。这些地区的地形低洼，稍有起伏。母质多为沙黏不定的冲积物。

(3) 沼泽盐土：零星分布于半漠境和漠境地区的浅平洼地边缘，地下水位高，在旱季易出现积盐现象。

(4) 洪积盐土：主要分布在新疆天山南麓的部分洪积扇。

(5) 残余盐土：几乎都分布在我国西北漠境和半漠境地区的山前洪积平原，或古老冲积平原高起的地段和老河床的阶地上。

(6) 碱化盐土：主要分布在松辽平原、山西大同盆地、内蒙古大小黑河流域以及甘肃、新疆等地。黄淮海平原和藏北高原也有零星分布。

(7) 草甸碱土：主要分布在半干旱地区。如分布于黄淮海平原等地的瓦碱。草甸构造碱土主要分布在东北松辽平原、内蒙古东部和北部，与苏打碱插花分布在微高地上。

(8) 草原碱土：主要分布在内蒙古自治区蒙古高原上的干草原等地区。

(9) 龟裂碱土：主要分布在新疆准噶尔盆地和宁夏银川平原[28]。

1.2.5 土壤的次生盐渍化

为了区别不同的盐渍化过程，人们将受人为因素干扰强度较小的自然条件下发生的土壤盐渍化过程称为土壤原生盐渍化。所谓的土壤次生盐渍化是由于人为活动不当，破坏了一个地区或流域的水文和水文地质条件，引起土体和地下水中的水溶性盐类随土壤毛管上升，水流向上运行而迅速在土壤表层积累，因而使原来非盐渍化的土壤发生盐渍化，或增强了土壤原有盐渍化程度的现代积盐过程[22]。此外，我国的一些学者对发展灌溉（主要是指发展大型自流灌溉）引起土壤发生次生盐渍化原因的研究也取得了新的进展。研究表明我国黄淮海平原在发展大规模机井灌溉情况下，利用低矿化和淡质碱性地下水灌溉，当其中含有残余碳酸钠时，而又不采取预防措施，就有可能导致土壤发生次生碱化过程[29]。

1.2.6 盐碱土改良技术

世界上存在大量的盐渍化土壤，其主要分布在中纬度地带的干旱区、半干旱区或者滨海地区。盐碱土的形成与气候、地形、水文、地质等因素的综合作用有着密切的关系。土壤的盐渍化严重影响现代农牧业的发展。在我国15亿亩的耕地中就有近1/10的土地是次生盐渍化土壤，另外还有相当大面积的盐荒地。在人口不断膨胀的今天，扩大耕地面积和提高单位面积产量是我们农业生产中的头等大事。而盐碱土壤的改良利用更是重中之重。为此，长期以来国内外对盐碱土的改良利用开展了广泛深入的研究，并投入了大量的人力、物力。在20世纪80年代，国外多半偏重于化学改良剂的应用以及深耕层破坏碱化层。我国则采用过种稻改碱、施用有机肥料、种植绿肥、平整土地等方法。在东北和西北的一些盐碱草地分布较集中的地区，学者们从多方面进行了研究。许多研究表明，东北的羊草草地由于过度放牧，地表的植被遭破坏，导致表层土壤理化性状发生变化，非毛管孔隙度减少，深层土壤的盐碱随毛管水上升，集结在植物的根系层，因而胁迫地表植物的生长，出现植被的逆行演替，形成大面积的盐碱草地[14]，而盐生草地的形成经历了从量变到质变的过程，它是植物与生境相互作用，以及诸多因素综合作用的结果[30,31]。从经营、管理和改良入手，维持和恢复草地的生态平衡就成为重要的研究课题，如张春禾研究了东北盐化草甸星星草群落的结构、生产力及现存量季节动态[32]。刘庚长论证了枯枝落叶在改良碱化土壤中的重要作用[33]。根据改良措施的性质可分为物理、生物、化学三个大的方面。

1.2.6.1 物理改良方法[34]

（1）排水。盐渍土多分布于排水不畅的低平地区，地下水位较高，促进了水盐向上运行，引起土壤积盐和返盐。排水可以加速水分的运动，调节土壤中的盐分含量。排水措施包括明沟排水、竖井排水和暗沟排水。

（2）冲洗。是用水灌溉盐碱土壤，把盐分淋洗到底土层，或用水携带把盐分排出，淡化和脱去土壤中的盐分。冲洗只能降低土层中的盐分，但不可能彻底清洗土壤中的盐分。冲洗必须必备两个条件：一是要有淡水来源，二是具备完善的排水系统。

（3）松土和施肥。盐碱土经过深耕，可以疏松土壤表层，切断毛细管，减少蒸发量，改变土壤结构，增加孔隙度；提高土壤的通透性，加速土壤淋盐和防止返盐作用。另外，施有机肥，既可以制约盐碱，减轻对植物的伤害，又可以增加土壤有机质，并补充和平衡土壤中植物所需的阳离子，而离子平衡可提高植物的抗盐性。

(4) 铺沙压碱。沙土掺入盐碱土后，可以改变土壤结构，使土壤孔隙度增大，通透性增强；促进团粒结构形成，使保水、蓄水能力增大，减少蒸发，抑制深层的盐分向上运动，使表层土壤的碱化度降低，起到了压碱的作用。

1.2.6.2 生物改良盐碱土的方法

目前，生物改良盐碱土壤所利用的方法一般采用以下几种。

(1) 种植树木。如沙枣（*Flaeagnus angustzfolza* L.）、胡杨（*Populus euphratica*）等。树木改良盐碱土壤的作用是多方面的，它可以防风降温，调节地表径流，树木的庞大根系和大量的枯枝落叶也可改善土壤结构，提高土壤肥力，抑制表面积盐。同时，枝繁叶茂的树冠可蒸发大量水分，使地下水位降低，减轻表面积盐。

(2) 种植抗盐性较强的牧草。我国的耐盐牧草资源比较丰富。尤其近年来随着盐碱土壤的改良需要，人们对耐盐品种进行了广泛的筛选工作，从文献统计来看，涉及的品种近 70 个。其中，禾本科植物约 49 种，豆科植物约 11 种，还有其他科的一些植物[35]。盐碱草地种植牧草，可以疏松土壤，减少表面土壤的积盐，待秋天枯草腐烂分解后，产生的有机酸和 CO_2，可起中和改碱的作用。此外，还可促进成土母质石灰质的溶解。由于牧草具有较好的覆盖度，使土壤表面的水分蒸发减少，土表积盐降低。与此同时，土壤的物理性状也得到改善，土壤总孔隙度和毛孔隙度增加，透水性能改善。此外，若在轻度盐渍地种植豆科牧草，可增加土壤有机质，提高土壤肥力[36]。

(3) 利用高抗盐植物。如盐地碱蓬（*Suaada salsa*）、盐角（*Salicornia europaea*）和花花柴（*Karclinia caspica*）等。这些高抗盐植物为退化盐碱地的代表植物，它们本身的灰分含量很高（27%～39%）[37]，当枯枝叶腐烂时，其所含的大量盐分就会遗留在土壤表面，而且这些植物也不具备饲用价值。因此，利用这类植物来改良盐碱土壤应持慎重态度。

(4) 提高植物的抗盐能力。提高植物的抗盐能力比降低土壤的含盐量更具有积极的意义，但难度也很大。这需要培育新的抗盐品种或提高植物的耐盐能力。目前，这方面的研究处在实验室的研究阶段。

以上生物改良盐碱土壤的方法中，由于第二种方法是利用抗盐牧草，既能经人工种植在碱斑土坡上生长发育，又对盐碱土壤有一定的改良效果，并具有较好饲用价值的优势，因而，近年来在治理碱化草地的研究工作中得到了广泛的应用。

1.2.6.3　化学改良方法

在碱化土壤上施用化学药剂。其作用原理是改变土壤胶体吸附性离子的组成，从而改善土壤的物理性质，使土壤结构性和通透性增强，既有利于土壤脱盐与抑制返盐，又有利于植物生长。常用的化学改良剂有石膏、过磷酸钙、腐殖酸类和硫酸亚铁等。但化学改良措施若不与生物、水利改良措施相结合，很难达到预期的效果和目的[14]。总之，无论是物理改良还是化学改良，这些改良方法多偏重于工程措施，虽取得一定成效，但存在一些不可克服的缺点。如：工程费用昂贵，效果不能持久，淡水资源不足，难以满足压盐碱的需要等问题。只有生物改良才能改变土壤的结构，使土壤的理化性质得到本质上的改善。

随着科学技术的发展及人类物质文明和精神文明生活不断增长的需要，人们对赖以生存的资源与环境，不仅要科学地管理和保护，更要合理地开发利用，以保障日益增长的需要。进入 21 世纪后，随着世界人口的增长，尤其对于一个具有 14 亿人口的大国在面临着耕地面积减少，淡水资源匮乏的情况下，我国盐碱土作为一种土地资源，有着巨大的开发潜力。据统计，目前我国盐碱土面积为 $3.47\times10^7 hm^2$，其中碱土面积为 $8.67\times10^5 hm^2$[38]，因此改造大面积碱地、改善中低产田在农业可持续发展后西部大开发战略实施中又是迫在眉睫的问题。

石膏改良碱土，在我国已做了一些工作，也取得了许多成功的经验。但因价格昂贵，即使在世界范围内，也尚未得到普遍推广。从目前的情况来看，尤其是煤烟脱硫废渣在改良碱土方面有着巨大的前景。利用煤炭作为能源的电厂根据环保的要求，将大规模地逐步安装

清除煤烟中 SO_2 的设备。清除 SO_2 的工艺是利用 CaO 吸收 SO_2。即 $CaO+SO_2 \rightarrow CaSO_3$。在清除 SO_2 后，产生大量的废渣，主要成分是 $CaSO_3$，氧化后即为 $CaSO_4$。因此，废渣可以改良碱化土壤，实质上主要是 $CaSO_4$ 改良碱土。前人关于石膏改良碱化土壤的理论和实践，完全可以用于脱硫废渣改良碱土[39]。

我国的盐碱土面积是很大的，但是经过新中国成立以后 70 多年来的努力，在有灌溉排水的条件下，大部分的盐碱土得到了改良。在这些改良的盐碱土当中，主要是氯化物、硫酸盐类型，不含有苏打，也没有很高的交换性钠。现在剩下来而未得到改良的土壤大部分含苏打，交换性钠比较高，改良比较困难，用同样的水利技术措施和同样的农业技术措施相结合的方法得不到改良，必须结合化学措施才能得到改良。

化学改良措施包括了钙离子、亚铁离子、铝离子和氢离子的改良。这些离子能够与苏打和交换性钠起化学反应，会造成交换性钠的脱除和苏打的减少或消失。在化学改良当中，以钙离子形成的海棉状胶体的品质最好；铁离子、氢离子、铝离子则难以形成海绵状的胶体。在钙盐当中，碳酸钙在碱化土壤中普遍存在，是自然脱碱过程中主要的钙盐。但是，碳酸钙的溶解度太低，对碱化度高的土壤难以发挥作用，改良极为缓慢。氯化钙的溶解度非常高，溶解度在 500~1 000g/L，但是在改良过程中，在灌溉的条件下渗漏损失比较严重，改良效果不一定比硫酸钙的效果好，而且氯化钙的造价更高一些，不利于大面积推广使用。而碳酸钙的改良作用极差，一方面是碳酸钙的溶解度太低，它的改良作用十分缓慢；另一方面，碳酸钙与交换性钠作用后，形成碳酸钠，而碳酸钠又容易返回胶体，所以土壤胶体中代换性钠较高的时候，碳酸钙起不了多大作用。硫酸钙的溶解度虽小，只有 2g/L，但在碱化土壤改良过程中，在石膏混合层内改良的第一阶段，其溶解度往往能提高 10 倍以上，乃至出现石膏深层渗漏的现象。石膏在所有的化学改良剂中造价最低，即使如此，人们还是嫌其价格太贵，而不愿意大面积施用。煤烟脱硫废渣之所以能改良碱化土壤，是因为主要化学成分是石膏（$CaSO_4 \cdot 2H_2O$）[40]。所以，从本质上说仍是石膏改良碱化土壤，并非什么新的理论。磷石膏是磷肥厂的废渣，其主要成分也是石膏。因此，煤烟脱硫废渣或磷石膏从理论上讲都是属于石膏改良碱土的范畴，其优点是废物再利用，可以大大降低土壤改良成本，便于推广利用。只要国内大部分火力发电厂安装脱硫设备，就会产生大量的煤烟脱硫废渣，其利用前景广阔。

石膏改良碱化土壤，并非来自生产实践，而是先从理论研究开始的。19 世纪末，20 世纪初，先后有美国学者 Hilgard 和苏联学者盖德洛依茨建立了苏打碱化土壤改良的三个化学方程式：

（1）$Na_2CO_3+CaSO_4 \rightarrow CaCO_3+Na_2SO_4$

（2）$2NaHO_3+CaSO_4 \rightarrow Ca(HCO_3)_2+Na_2SO_4$

（3）$2Na+CaSO_4 \rightarrow Ca+ Na_2SO_4$

由此奠定了改良苏打碱化土壤的理论基础。一百多年来的碱化土壤改良的试验研究都是在这些理论指导下开展的。

1960 年，苏联学者盖德洛依茨进行绘制凝聚曲线的试验，提出了土壤碱化度在 10%~12%时，可视为非碱化土与碱化土的界限，修正了部分的碱化分级指标，同时提出计算石膏用量时，不必考虑交换性镁的存在。

1964 年，我国学者李述刚，根据新疆的实际情况，修改了前人的碱化土壤分级指标，首先提出一个新的暂时分级方案（表 1–1）[41]。

表 1–1　碱化土壤的分类

碱化分级	碱化度（ESP）
碱土	>40%
重碱化土	30%~40%
中碱化土	20%~30%
轻碱化土	10%~20%
非碱化土	<10%

这个暂行的方案得到各地专家的认同。我们曾对新疆石河子、哈密等地碱化土壤进行了调查研究，做了小麦、玉米的盆栽试验，证明李述刚的分级方案亦可适用于新疆。这样，碱土改良不必以彻底消除交换性钠为目标，只要 ESP<10%，就可以认为改造好了。

以上三个化学方程式和一个分级方案，就构成了石膏改良碱土的理论基础以及定量计算施用石膏的科学依据。世界各地大量的田间试验证明了上述理论是正确的。在灌溉条件下，改良效果较好；如果同时又有排水的条件下，改良效果会更好。也有人证明改良是无效的，这是不按科学的操作所致。他们不测定土壤中 Na_2CO_3 的含量，不测定交换量和交换性钠的含量，不计算碱化度的高低，随意施入石膏，深翻到 15~20cm 土层，播种后根本不出苗，最后的结论是石膏不能改良碱土，确有些荒谬。

我们认为石膏改良碱化土壤的三个化学方程式完全正确，抓住了碱化土壤改良的主要矛盾。据我们 2015 年、2016 年、2017 年三年在新疆石河子炮台土壤改良试验站的研究，石膏改良苏打碱化土壤是一个极其复杂的化学过程、物理化学过程和物理过程，其中化学和物理化学过程至少有 11 个化学反应方程。在不同的石膏施用量、施用方法、不同的灌水量和灌水方法条件下，各化学反应相互干扰程度不同，且数量有很大的变化。我们给自己提出的任务是建立一个有理论依据的，有计划改良深度的，可预测的、效果好、速度快、省水、省石膏的综合技术改良方案。这是一道难题，绝非已有的三个化学方程所能解决的，需要在前人的理论和方法基础上，探索新的理论和方法。从世界范围来说，前一百年的碱化土壤改良可称之为石膏改良碱化土壤的证实阶段，即证明 Hilgard 和盖德洛依茨的三个化学方程式是正确的，石膏的确能改良碱土。而我们的工作是进一步探索科学的、经济的、有计划的改良碱化土壤。

以上三个化学反应方程式成为后人和用石膏改良碱化土壤的理论基础和定量施用石膏的依据。英国在排水及无水条件下施入几种含硫改良剂，确认改良效果为石膏>渣泥>黄铁矿。Carter 在 6 年的试验中施用石膏［2.24t/(hm^2·年)］和 NH_4NO_3（80kg/hm^2），可使土壤 B 层 SAR 及 CEC 下降，并可促使脱碱化过程[42]。1990 年，美国盐土实验室 Rhoodesk 和澳大利亚 CSIRO Loveday 专门评述碱化土壤的改良。他们认为碱化土壤影响作物生长一般是由于它的物理性质，诸如表面结壳、降低水和空气的通透性和阻碍植物根的生长，而这些性质是受交换性钠的影响。研究表明，碱化土壤的改良需要用钙来置换土壤胶体表面吸附的钠[43]。

1953 年苏联土壤学家安基波夫·卡拉塔耶夫确定了碱土的碱化度变化的界限为：

非碱化土的碱化度为<5%；

轻碱化土的碱化度为 5%～10%；

中碱化土的碱化度为 10%～15%；

重碱化土的碱化度为 15%～20%；

碱土的碱化度为>20%。

他提出碱土改良，碱化度达到5%就可以了。但 1960 年，他又提出，达到 10%就可以了[44]。而我国土壤学家李述刚在研究新疆地区的碱化土壤过程中发现，这一指标在新疆普遍偏低，实践中不便应用，如果将碱化层钠碱化度>20%划分为碱土，显然夸大了碱土面积。后来根据自己的实际情况，制定了新的划分标准[41]：

非碱化土的碱化度为<10%；

轻碱化土的碱化度为 10%～20%；

中碱化土的碱化度为 20%～30%；

重碱化土的碱化度为 30%～40%；

碱土的碱化度为>40%。

内蒙古农业大学土壤组也在这方面做了生物试验，证明这个分级标准也符合内蒙古的情况。

石膏改良碱土方面国内也有一些进展[45]。选择天津经济技术开发区（塘沽）碱化程度较高的土壤作为改良剂（磷石膏）对碱化土壤改良试验点，使用改良剂后，土壤 pH 值、总碱度（CO_3^{2-}+HCO_3^-）和钠碱化度（ESP）明显降低；碱化土壤中的苏打（Na_2CO_3+$NaHCO_3$）全部消失。江苏大丰县王港滩涂实验站作为磷铵工业副产品磷石膏改良碱土等低产土壤，取得了较好的效果，磷石膏使土壤容重下降，孔隙度则相应提高。新民市土肥站从 1991 年开始到 1995 年，在有关部门支持下进行施用生产高浓度磷肥的工业副产物进行田间定位试验。在 pH（H_2O）值为 8.7 的碱化草甸土上，N、P 化肥配施磷石膏 3～18t/hm^2，玉米增产效果十分显著，说明磷石膏有改碱作用。辽宁省北部属科尔沁沙地南缘广泛分布的内陆苏打盐渍土，在施用脱硫石膏改良的条件下，发展旱作，玉米增产效果显著。而脱硫石膏与肥料配合使用的处理，其效果则不及单独使用脱硫石膏的处理效果好。

内蒙古农业大学桑以琳在巴彦淖尔盟临河市小召乡采用磷石膏改良碱土和碱化盐土，在强化碱土上，施石膏结合灌水改碱效果显著而迅速[46]。张丽辉等在河套地区杭锦后旗沙壕渠试验站进行小面积改良试验，以磷石膏作为化学改良剂改良盐碱地并结合冲洗可将代换出来的 Na^{+} 及其他盐分及时冲掉，达到快速脱盐脱碱目的[47]。俞仁培等人根据他们在黄淮海的研究，在《土壤碱化及防治》一书中指出，① 施用时期：从地温显著上升开始，即 4 月底 5 月初至 9 月底较为适宜，尤其是 7 月高温多雨的时节。② 施用方法：在犁垡上均匀撒施改良剂，而后耙地，使之与表土尽量相混[48]。作为改良剂的石膏要充分磨细。另外，近几年来，在一些电热厂或制硫酸的工厂为防止环境污染用石灰水吸收 SO_2 尾气，从而生成亚硫酸钙。中国科学院南京土壤研究所用亚硫酸钙进行的盆栽试验证明其作用胜过石膏，是有希望的一种化学改良剂。沈阳市土肥站李焕珍等人与日本合作研究在利用日本除硫装置所生成副产物脱硫石膏开展强度苏打盐渍土种植玉米的改良试验中表明，脱硫石膏改良苏打盐渍土的作用，明显地反映与土壤代换性钠的快速下降，与其代换性钙、与代换性镁的急剧上升过程，相应地土壤强碱状况亦随之改变，从而为作物正常生长提供了较好的土壤环境[49]。

综合前人研究工作，可以看出当前脱硫石膏在改良碱土中的问题如下。

（1）无明确提出计划改良深度，但这是施用石膏的重要依据。

（2）在众多实际操作中，没有检测碱化度的高低就提供石膏施用量，有些直接用土壤重量的百分数计算石膏的施用量。

（3）对石膏改良碱土过程中发生的复杂的物理、化学过程，缺少理论研究，大部分是经验之谈。

（4）田间试验，一般只是说明了有无效果、效果的好坏。

1.3 研究目标

（1）从理论上弄清围绕石膏改良碱土各种技术措施引起的物理

的、化学的、物理化学的规律和原因。

（2）提出一套有科学根据的、规范的、定量的技术方案，并满足省石膏、省水、省工，效果好，速度快的目的。

1.4 研究方法及内容

1.4.1 基本研究方法

（1）计划改良指标。

1964 年，我国学者李述刚，根据新疆的实际情况，修改了前人的碱化土壤分级指标，提出一个新的碱土与碱化土壤分级指标（表 1-1）。

对奇台地区的碱化土壤，拟于大田和室内进行小麦盆栽试验，以确定李述刚的方案是否符合奇台县的情况。

（2）石膏用量的计算。

前人计算石膏改良碱土用量，主要考虑交换性 Na，用其量减去 5%或 10%的碱化度，多则加入，少则忽略。但在前期研究中发现，土壤中所有可与石膏发生化学反应的物质，即交换性 Na、交换性 Mg、Na_2CO_3、$NaHCO_3$、$Mg(HCO_3)_2$、$MgCO_3$ 亦应在石膏用量当中。另外，施入土壤中的石膏，往往不能全部与多种化合物作用，总有一部分以液态石膏的形式，随下降水流渗入改良下层，即石膏的深层渗漏。为此，需进一步厘清石膏的用量。

（3）室内土柱模拟试验。

室内土柱模拟试验不考虑田间土地的空间变异情况，可人为控制，盐碱地布点采样后混匀制成土柱，模拟野外情况进行试验。土柱试验主要是从理论上进行研究，对理论进行补充，为开展盆栽试验或大田试验提供理论依据。

（4）盆栽试验。

盆栽试验是大田试验的微设计，也是效果较直观的方法，主要采取对比参照的方式进行研究。在本研究中，以出苗试验为主，对比作物的生长情况，以直观地看到变化规律，进而总结经验为理论，更有效地指导实践。

(5) 大田试验。

大田试验是在大面积的碱土地上施用脱硫石膏，然后引水灌溉，土壤逐步脱碱后种植作物，以作物生长状况和产量衡量碱土改良效果，以期将在实践中总结的经验上升为理论，并为示范田进行技术推广。

1.4.2 主要研究内容

(1) 脱硫石膏与纯石膏改良效果的比较研究。

本研究在开始阶段，为了理论研究方便，在室内进行模拟试验，为了不受其他化学因素的影响，拟采用化学纯硬石膏，进行碱土改良试验；同时，亦直接利用烟气脱硫石膏进行改良试验。以此，来探明脱硫石膏和纯石膏在碱土改良过程中是否具有相似的变化规律，以及是否还有哪些差异。

(2) 脱硫石膏混合层与非混合层变化规律研究。

在田间施用石膏改良碱土时，最重要的是要把石膏与土壤充分混匀。只有均匀改良后的土壤才能达到计划改良指标，否则就会出现斑块改良，且改良效果很差。传统的犁与耙很难使石膏与土壤混均匀，旋耕犁虽然可以达到充分混匀的要求，但其深度只有 10~20cm，更深的土层就达不到。这样在 40cm 的计划改良深度内必然形成二元结构：上面的石膏混合层和下面的非混合层。

为了解二元结构在改良过程中的效果，需要弄清石膏混合层和非混合层在改良过程中的化学的、物理化学的和物理的过程随时间变化而发生的规律性变化，以期为制定效果好、速度快、省石膏、省灌溉水的方案提供科学的理论依据。

(3) 脱硫石膏改良碱土中的冲洗定额问题研究。

脱硫石膏改良碱化土壤只有依赖于土壤下降水流的密切配合，才能顺利地完成。水既是石膏的溶剂，又是石膏同其他反应物进行化学反应和物理化学反应的介质。灌水量太少石膏不能充分溶解，达不到改良的目的；灌水量太大降低灌水效率，加大石膏渗漏损失，阻滞了改良过程，也达不到改良目的。

因此，本项目对二元结构层（0~20cm 为石膏混合层，20~40cm 为石膏非混合层），进行土柱灌水定额试验，以确定最佳灌水定额。

（4）脱硫石膏施用技术的研究。

根据前面“脱硫石膏混合层与非混合层变化规律”的结果，通过定量分析土壤的碱性盐和交换性钠、镁的含量，可以计算出改良全部计划改良层土壤所需的化学改良剂（烟气脱硫石膏）的施用量。那么在现有的耕作条件下，一次性施入烟气脱硫石膏好，还是分次施入好，是一个必须面对的关键问题。本研究拟采用土柱模拟试验进行确定。

（5）脱硫石膏改良碱化土壤过程中 NaCl 和 Na_2SO_4 的影响研究。

前人的工作已证明，石膏在蒸馏水中的溶解度为 1.76~2.10g/L，平均为 2g/L；NaCl 的盐效应提高了石膏的溶解度；Na_2SO_4 的同离子效应，同时又抑制了石膏的溶解度。目前在碱土中 NaCl 和 Na_2SO_4 对石膏溶解度的影响，尚未见报道。至于 NaCl 和 Na_2SO_4 对石膏的渗漏影响，对交换性钠和交换性镁在争夺石膏中的作用，也未见报道。由于 NaCl 和 Na_2SO_4 在石膏改良碱土中的效果起着很大的作用，因此很有必要研究其对碱土改良的影响。

（6）作物生长与土壤碱化度的耦合关系。

目前，国内外对盐碱土的研究多仅以理论为依据，未通过科学的分析与计算，随意地在田间施入石膏。由于各个地区的情况和生产条件不一样，导致试验在很多地区失败。所以必须要明确一个问题：在什么样的碱化度下作物长势最好、产量最稳定，亦即石膏改良的终点在哪儿，为此，本研究拟模拟碱土环境，在不同碱化度的土壤中，采用盆栽、大田种植小麦，通过分析其生长状况，土壤情况和碱化度的关系，从而找到作物生长与土壤碱化度的耦合关系，以达到在试验中明确石膏改良碱土的最佳施用量。

（7）脱硫石膏改良碱化土壤的计划改良深度。在盐土和盐化土改良中，总有一个计划改良深度，一般计划改良深度为 0~20cm，而碱土的计划改良深度，则未见有明确且公认的规定。本研究拟在室内土柱模拟试验中确定改良深度：最初把计划改良层定为 60cm，探究随土壤改良层深度的增加，石膏用量和灌溉水消耗量，以确定较为适宜的深度，然后在盆栽和大田中进行验证。

1.5 技术路线

见下图。

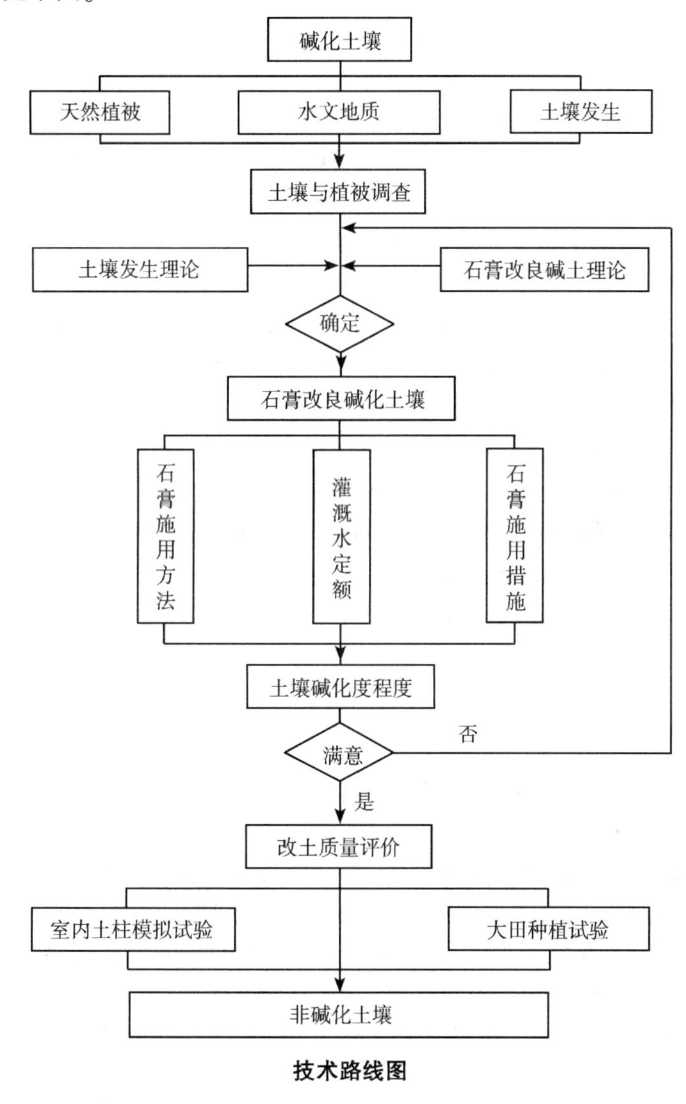

技术路线图

参考文献

[1] 赵其国．提升对土壤认识，创新现代土壤学［J］．土壤学报，2008，45（5）：771-777.

[2] QADIR M，SCHUBERT S. Degradation processes and nutrient constraints in sodic soils［J］. Land Degradation and Development，2002，13（4）：275-294.

[3] OSTER J D，FRENKEL H. Chemistry of the reclamation of sodic soils with gypsum and lime［J］. Soil Science Society of America Journal，1980，44（1）：41-45.

[4] RYAS M，QURESHI R H，QADIR M A. Chemical chmges in a saline-sodic soil after gypsum application and cropping［J］. Soil Technology，1997，10（3）：247-260.

[5] CLARK R B，RITCHEY K D，BALIGAR V C. Benefits and constraints for use of FGD products on agricultural land［J］. Fuel，2001，80（6）：821-828.

[6] SAKAI Y，MATSUMOTO S，SADAKATA M. Alkali soil reclamation with flue gas desulfurization gypsum in China and assessment of metal content in corn grains［J］. Soil and Sediment Contamination，2004，13（1）：65-80.

[7] CHEN L，DICK WA，NELSON S. Flue gas desulfurization by-products additions to acid soil：alfalfa productivity and environmental quality［J］. Environmental Pollution，2001，114（2）：161-168.

[8] 张翼夫，李问盈，胡红，等．盐碱地改良研究现状及展望［J］．江苏农业科学，2017，45（18）：7-10.

[9] 姜忠旭，刘荣．盐碱土对直播稻的影响及改良措施［J］．农业灾害研究，2014，4（7）：53-54.

[10] 尹进文．新疆哈密近65年降水量与蒸发量变化分析［J］．地下水，2017，39（4）：247-249.

[11] 赵可夫，范海，王宝增，等．改良和利用盐渍化土壤的研究进展［J］．园林科技信息，2004（1）：32-35.

[12] 林年丰，Bounlom V，汤洁，等．松嫩平原盐碱土的形成与新构造运动关系的研究［J］．世界地质，2005（3）：282-288，311.

[13] 赵鹏．不同水肥运筹模式对滨海盐碱土的控盐增产效应研究［D］．泰安：山东农业大学，2017.

[14] 殷厚民，胡建，王青青，等．松嫩平原西部盐碱土旱作改良研究进展与展望［J］．土壤通报，2017，48（1）：236-242.

[15] 李建东，郑慧莹．松嫩平原盐碱化草地治理及其生物生态机理［M］．北京：科学出版社，1997.

[16] YI L，CHEN S L，JOSEPH D ORTIZ，et al. 1500-year cycle dominated Holocene dynamics of the Yellow River delta，China［J］. The Holocene，2016（2）：23-37.

[17] 王卓然，赵庚星，高明秀，等．黄河三角洲垦利县夏季土壤水盐空间变异及土壤盐分微域特征［J］．生态学报，2016，36（4）：1040-1049.

[18] 刘博洋．吉林省西部盐碱土不同利用方式对土壤化学性质的影响［D］．长春：吉林农业大学，2016.

[19] 王英男．浑河一级阶地脱硫石膏改良碱化土壤的过程与效果研究［D］．呼和浩特：内蒙古农业大学，2014.

[20] 殷厚民，胡建，王青青，等．松嫩平原西部盐碱土旱作改良研究进展与展望［J］．土壤通报，2017，48（1）：236-242.

[21] 张琦珠．新疆盐碱土的改良利用——第一讲：盐碱土的概念及新疆盐碱土的形成［J］．新疆农垦科技，1983（1）：58-60.

[22] 胡国庆，刘肖，何红波，等．黄河三角洲不同盐渍化土壤中氨基糖的积累特征［J］．土壤学报，2018（2）：1-10.

[23] 王遵亲．中国盐渍土［M］．北京：科学出版社，1993.

[24] 俞仁培，等．黄淮海平原碱化土壤的分级土壤盐化、碱

化的监测与防治［M］. 北京：科学出版社，1993.
［25］ 俞仁培，尤文瑞 . 土壤碱化的监测与防治［M］. 北京：科学出版社，1993：85-90.
［26］ 龚子同，赵其国，曾昭顺，等 . 中国土壤分类暂行草案［J］. 土壤，1978（5）：168-169.
［27］ 杨华，陈莎莎，冯哲叶，等 . 土壤微生物与有机物料对盐碱土团聚体形成的影响［J］. 农业环境科学学报，2017，36（10）：2080-2085.
［28］ 韩敏 . 不同改良剂对碱化土壤性质及苜蓿生长的影响［D］. 呼和浩特：内蒙古农业大学，2017.
［29］ 赵可夫，李法曾 . 中国盐生植物［M］. 北京：科学出版社，1999.
［30］ 魏博娴 . 中国盐碱土的分布与成因分析［J］. 水土保持应用技术，2012（6）：27-28.
［31］ 郑慧莹，李建东 . 松嫩平原的草地植被及其利用保护［M］. 北京：科学出版社，1993.
［32］ 郑慧莹，李建东 . 松嫩平原盐生植物与盐碱化草地的恢复［M］. 北京：科学出版社，1999.
［33］ 张春禾，张永亮 . 内蒙古兴安盟科右前旗野生牧草资源的综合评价与可利用量的估算［J］. 中国草业科学，1988（5）：29-34.
［34］ 刘庚长 . 试论羊草草原的生态积累［J］. 东北师大学报（自然科学版），1982（4）：87-93.
［35］ 张翼夫 . 滨海盐碱土打孔灌沙技术及关键部件研究［D］. 北京：中国农业大学，2017.
［36］ 阎秀峰，孙国荣，李晶 . 盐碱草地植物种群分布与土壤营养关系的一种分析方法——土壤营养位分析［J］. 植物研究，1999（4）：435-438，440.
［37］ 任继周 . 中国西南岩溶地区建立草地农业系统和畜牧产业带刍议［J］. 世界科技研究与发展，1998（2）：46-52.

[38] 周志宇，付华，陈亚明，等．阿拉善荒漠草地恢复演替过程中物种多样性与生产力的变化 [J]．草业学报，2003 (1)：34-40.

[39] 刘阳春，何文寿，何进智，等．盐碱地改良利用研究进展 [J]．农业科学研究，2007，28 (2)：68-71.

[40] 毛玉梅．烟气脱硫石膏改良围垦滩涂盐碱土研究 [D]．上海：华东师范大学，2016.

[41] 贺坤，李小平，徐晨，等．烟气脱硫石膏对滨海盐渍土的改良效果 [J]．环境科学研究：2018，(2)：1-11.

[42] 李述刚，程心俊．新疆干旱土系统分类的修订方案 [J]．干旱区研究，1993 (4)：1-3.

[43] 张倩．燃煤电厂烟气脱硫石膏的特征及综合利用途径分析 [J]．资源信息与工程，2017，32 (6)：103-104.

[44] 刘娟，张凤华，李小东，等．滴灌条件下脱硫石膏对盐碱土改良效果及安全性的影响 [J]．干旱区资源与环境，2017，31 (11)：87-93.

[45] 王嘉航，杨培岭，任树梅，等．脱硫石膏配合淋洗改良碱化土壤对土壤盐分分布及作物生长的影响 [J]．中国农业大学学报，2017，22 (9)：123-132.

[46] 杜三艳．脱硫石膏改良滨海盐碱土的应用效果及环境风险研究 [D]．上海：上海应用技术大学，2017.

[47] 桑以琳．内蒙古河套灌区碱化土壤的发生原因和特性 [J]．土壤学报，1996 (4)：398-404.

[48] 张丽辉，赵骥民，范亚红．中性盐胁迫对高粱苗期光合特性的影响 [J]．江苏农业科学，2012，40 (8)：100-101.

[49] 俞仁培．土壤碱化及其防治 [M]．北京：农业出版社，1984.

[50] 李焕珍，徐玉佩，杨伟奇，等．脱硫石膏改良强度苏打盐渍土效果的研究 [J]．生态学杂志，1999 (1)：26-30.

2 研究区土壤碱化特征

2.1 研究区概况

2.1.1 地理位置

奇台县地处89°13′~91°22′E，43°25′~45°29′N，位于新疆维吾尔自治区的东北部，天山山脉东段博格达山的北麓，准噶尔盆地的东南缘。东边与木垒哈萨克自治县为邻，西边相接于吉木萨尔县，南连吐鲁番市鄯善县，西北与富蕴县、青河县相交，东北与蒙古国接壤。奇台县南北长250km，东西宽45~150km，总面积为$1.81\times10^4 km^2$，边界线长达131.47km，是新疆的边境县之一，距离自治区首府乌鲁木齐市207km[1]。全县地貌结构由南向北依次分布为山地—山前丘陵、平原区—沙漠—戈壁—山地。本研究以奇台绿洲盐分集中分布的北部倾斜平原区作为研究区域，研究范围为43°56′56″~44°13′24″N，89°20′46″~90°3′43″E（图2-1）。为便于研究，本研究所称奇台绿洲均指该研究区。该区域在新构造运动中沉积了厚达300~500m的第四纪疏松沉积物，并形成泉水溢出带[2]。溢出带以北为盐渍土分布区。由于长期的地下水超采，地下水位下降迅速，泉水溢出现象已消失多年。该区的盐渍土类型、分布特征以及地形特点在新疆天山北坡、准噶尔盆地南缘区域具有一定的代表性[3,4]。

2.1.2 地质与地貌

奇台县境区属于I级大地构造单元——天山蒙古地槽褶皱系，包括4个I级构造单元：北天山褶皱带、准噶尔坳陷区、卡拉麦里过渡带、东准噶尔褶皱带。

北部北塔山是中蒙两国的界山，山区海拔1 100~3 290m，面积

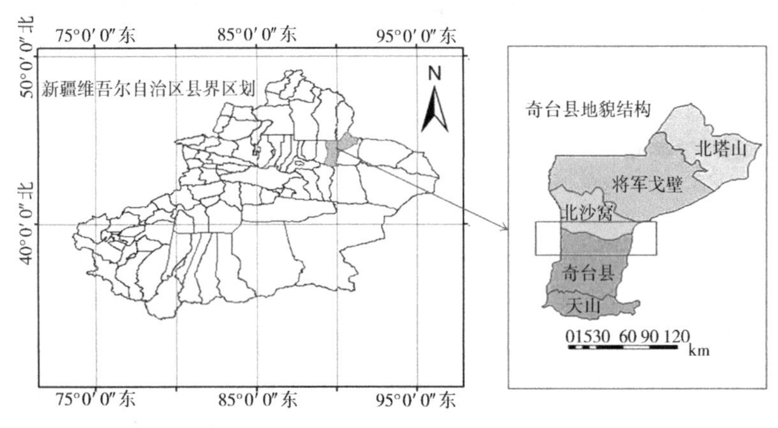

图 2-1 研究区示意图

大约占总面积的 18.72%，主峰阿同敖包海拔约为 3 290m，山体不大，但结构较零乱。北塔山表面多被风化和半风化的岩石所覆盖，高程 2 500m 以上的山区，坡度为 30°左右，岩石裸露，沟梁比较平缓。高程 2 500m 以下为中山前山区，地势起伏不是很大，丘陵分布错综复杂，高程 1 100m 以下是南北长达 55km 的戈壁区[5,6]。

北部沙漠戈壁区面积约占总面积的 53.56%，海拔在 506~1 100m。该区位于南冲积平原的北缘，南北长，而东西较窄，主要是砾质戈壁和流动、半流动的沙丘，其次为新月形沙丘。该区地形坡度较缓，地势由东南向西北方向倾斜，盆地中心最低处的沙丘河，海拔高度为 506m。这一区域热量丰富，降水很少，但是蒸发很强烈[26]。

南部山地丘陵区面积约占全县总面积的 12.68%。雪线高程位于海拔 3 800~ 3 900m 处，2 800~ 4 356m 为终年冰封雪冻的高山带，共有大小冰川 55 条。海拔 2 000~2 800m 是侵蚀中山带，降水丰富且径流集中。海拔 1 500~2 000m 属于低山带，降水丰富，岩石剥蚀较严重，靠近山麓处有 15~20m 厚度的黄土物质覆盖。海拔 1 500m 以下则为前山丘陵带，沟谷相互交错切割，丘陵起伏分布[7]。

中部平原区位于山前冲积平原上，南至丘陵带下部，北到古尔班通古特沙漠南缘，包括洪积—冲积平原的上、中、下平原及泉水溢出带。平原区地形开阔平缓，起伏较小，地势从东南向西北方向倾斜，海拔 650~1 100m，面积约占全县总面积的 15.04%。该区土层较深厚，土质适宜耕作[8]。

2.1.3 气候特征

日照

全县年日照总时数为 2 840~3 230h，月日照时数超过 240h，最多可达 300h 以上，4—9 月为农作物生长发育期。南部低山丘陵区由于阴雨天气较多，太阳辐射量小于平原区和沙漠地区。北山地区的日照充足，空气含水量较小，空气透明度好。沙漠地区日照总时数和日照百分比与平原地区相比，差异不大。日照分布特点为北多南少，由平原向山区逐渐减少[9]。

气温

由于纬度、地形以及海拔高度的差异，奇台县的气温从中部北山煤矿开始，向北向南随着地形海拔每升高 100m，其年平均气温下降约 0.3℃左右。平原农区年平均气温为 5℃左右，山区则为 2~3℃。平原地区年平均气温变化最大，1954 年奇台县城的年均气温为 3.1℃，到 1963 年升至 6.6℃，相差了 3.5℃。平原气温的年内变化也十分明显，7 月最热，1 月最冷，绝对最高温度为 43℃，绝对最低温度达-42.6℃。平原区夏季炎热干燥，秋季凉爽，而冬季严寒，温差比较大。与之相比，山区年均气温变化较小，相对冬暖夏凉[10]。

风力

奇台县每年平均风期 100 天左右，风速一般 3~4m/s，一年之中，春夏季风速较大，冬季最小。一天之中，午后的风速比较大，清晨和上午最小。平原地区最大风速可达 24m/s，北部山区约为 20m/s。北部地区的东北风和南部地区的偏东风、偏北风的风速都比较小，最大为 8~10m/s。北部地区白天多刮西北风，夜间则多为偏东风，冬季白天东南风也比较多。南部地区白天以偏西风或西北风为多，夜间则多偏南风[11,12]。

降水

奇台县由于地形高低相差悬殊，各地降水量相差较大。南部山区年降水量可达550~660mm，中部平原地区降至176mm，沙漠地区则小于150mm。大于等于5mm的降水日数和降水量分布的总趋势为东多西少，南多北少。夏季降水最多，一般可占到全年降水总量的40%~50%，春秋两季大致相当，各占全年降水量的20%~30%，冬季的降水量最少，不及全年降水量的10%。奇台绿洲平原区降水少且蒸发强烈，年均蒸发势为2 141mm。干旱的气候条件使得地表无法形成径流，天然降水入渗后补给地下水的比例很小，加之地下水长期超采，20世纪90年代中期以来，奇台绿洲平原地下水埋深已经降至5m以下，该区的少量降水就更难对地下水位产生影响[13]。

2.1.4 水文特征[14,15]

冰川

奇台县境内的现代冰川主要为面积较小的悬冰川，都分布在博格达山脊一带。根据统计，县境内冰川面积为26.1km^2，储冰量大约5.22×10^8m^3（约折合水量4.65×10^8m^3），每年冰川的消融水量为0.16×10^8m^3左右。

河流

奇台县境内共有9条河流，主要分布在南部山区。

(1) 碧流河源头位于博格达山海拔3 962~4 144.2m处，共有10条支流。碧流河全长大约60km，汇水面积为160km^2，年均径流量5 960×10^4m^3左右。

(2) 吉布库河源头位于博格达山脊海拔4 015~4 120m处，有8条支流，山区汇水面积约108km^2。吉布库河全长大约52km，年均径流量1 380×10^4m^3左右。

(3) 白杨河源头位于博格达山脊海拔3 882~4 026m处，有大小支流20条。白杨河全长大约60km，年均径流量4 420×10^4m^3左右。

(4) 达板河源头位于博格达山脊海拔3 703~4 014.5m处，有16条支流。达板河全长大约54km，山区汇水面积208km^2，年均径流量5 580×10^4m^3左右。

(5) 中葛根河源头位于博格达山脊海拔3 816~4 030m处。汇水面积160km^2，河流全长大约60km，年均径流量8 200×10^4m^3左右。

（6）开垦河源头位于博格达山脊处的海拔 3 483~3 903m 处。汇水面积为 $280km^2$，全长大约 64km，年均径流量 1.58×10^4m^3 左右。

（7）新户河源头位于海拔高程 3 050m 的博格达高山带，汇水面积为 $64km^2$。河流全长约 56km，年均径流量 1 420×10^4m^3 左右。

（8）宽沟河发源于海拔高程 3 000m 博格达高山带，全长约 50km，汇水面积为 $32km^2$，年均径流量 1 100×10^4m^3 左右。

（9）根葛尔河源头位于博格达高中山带，有 3 条支流。全长 42km，汇水面积约 $25km^2$，年均径流量 410×10^4m^3 左右。

湖泊

奇台县境内有 14 个天然湖泊，总面积大约 70×10^4m^2，均在博格达山的高山带。

地下水

奇台县的地下水自山区、平原戈壁、细土平原至沙漠区，从补给、径流到排泄构成一个完整的水文地质单元。山前倾斜平原由于第四纪沉积很厚，中、上部的含水层颗粒粗大，是主要潜水含水层。中下部冲积—洪积平原构成多层结构的潜水、承压水分布区。无论是山前倾斜平原，还是溢出带以北的细土平原，地下水资源均广泛分布。博格达山山区是奇台县地下水的主要补给区，高山带充沛的降水量和冰雪融水是奇台县地下水的主要补给源。中低山带既是地下水补给区也是地下水的主要径流区，其对地下水的补给主要来源于高山带地下水侧向径流补给和每年 300~700mm 的大气降水。山前平原为地下水的主要径流区和排泄区，由于山前戈壁平原为单一的大厚度卵砾石构成的潜水层，地下水坡降为 4%~5%，透水性很强，径流条件比较好。另外，山区河水有 4.5×10^8m^3 左右的径流会流到平原区，绝大部分最终渗入补给地下水，因此，戈壁平原区蕴藏着极丰富的地下潜水。大量的地下径流潜流到细土平原带，一部分地下水以泉水的形式溢出地表，另外一部分地下水则通过潜水蒸发排泄出去[16]。

2.1.5 土壤特征[17,18]

奇台县境内的土壤在地形地貌、母质、水文以及灌溉耕作条件的影响下，具有明显的带状分异规律，从南部山区开始，经洪积—

冲积平原农区、北部沙漠地区至北塔山的中山带，依次分布着山地寒漠土、草甸土、灰褐色森林土、栗钙土、棕钙土、灰漠土、盐碱土、风沙土及亚高山草甸土、暗灰森林土、山地淡栗钙土和淡棕钙土等[1]。

2.2 研究方法

2.2.1 数据采集

2018 年 5 月 3—18 日采用 GPS 定位技术在研究区未开垦荒地布点 101 个，样点尽可能规则地遍及所有荒地类型。样点选择时保持采样点周围土壤性质、成因相对一致，环境因子类似，异质性较小。每样点用剖面法采集土壤表层 1m 深度的土样（分 3 层：0~20cm，20~60cm，60~100cm），共获得土壤样本 303 个。每个土壤样本用四分法取部分土样封入铝盒，以供水分测试用。

研究区荒地植被以草本、半灌木、灌木的盐生植物为主，每样点按 10m×10m 设置样方，测量植被覆盖度、植物种类、植株高度、冠幅、多度。

2018 年 10 月 7—22 日在原定位样点上进行表层（0~20cm）土壤和植物的二次采样，主要的典型样点都被有效采集，有少量样点地被开垦，最终获得有效样点 60 个。

2.2.2 土壤样本测试分析

将采集的土壤样本送往中国科学院新疆生态与地理研究所土壤理化分析实验室，样本在实验室内自然晾干，磨碎，过 1mm 筛，由专业的化验人员参考《土壤农业化学分析方法》[19]进行分析测定。

分析项目包括：可溶性总盐、pH 值、EC、八大离子。土壤样本按照 1∶5 土水比制备成浸提液，可溶性总盐使用残渣烘干法测定；土壤 pH 值使用数字式酸度计测定，K^+、Na^+采用原子吸收分光光度法测定；HCO_3^-、CO_3^{2-} 采用双指示剂-中和滴定法测定；Cl^-采用硝酸银滴定法滴定；Ca^{2+}、Mg^{2+}、SO_4^{2-} 采用 EDTA 滴定法测定；有机质采用重铬酸钾氧化法测定；土壤粒度采用马尔文激光粒度仪测定；土壤水分采用烘干法测定。

2.3 结果分析

2.3.1 碱化土壤理化特征

使用 2018 年 5 月 3—18 日在 101 个定位样点采集的土壤样本，每个样本为土壤表层 1m 深度的土样（分 3 层：0~20cm，20~60cm，60~100cm），共有土壤样本数据 303 个。分析项目包括：可溶性总盐、pH、EC、八大离子和土壤含水率。从数据分布来看，研究区土壤 pH 值普遍较高，表层 101 个样本中，pH 值<8.0 的样本仅有 5 个，pH 值>9.0 的样本达 32 个。

依据文献中盐土分类方法对土壤盐分类型进行划分[20]。主要盐分类型及离子的分布情况见表 2-1。

表 2-1 各盐分类型在土壤不同剖面深度上的分布

深度（cm）	盐分类型分布（%）			阳离子含量分布（%）				阴离子含量分布（%）			
	硫酸盐	氯化物-硫酸盐	氯化物盐	Na^+	Ca^{2+}	K^+	Mg^{2+}	SO_4^{2-}	Cl^-	HCO_3^-	CO_3^{2-}
0~20	65.35	32.67	1.98	72.19	21.31	3.59	2.91	79.23	14.57	4.7	1.5
20~60	47.52	47.52	4.96	73.07	19.75	2.64	4.54	77.58	17.38	3.97	1.07
60~100	37.62	52.48	9.9	70.95	20.55	2.7	5.8	75.18	19.2	4.64	0.98

在表层土壤中，有 65.35%的样点 Cl^- 与 SO_4^{2-} 的当量比值<0.2，属硫酸盐，仅有 1.98%的样点比值>2，为氯化物盐，其余比值在 0.2~2，属氯化物-硫酸盐。在 20~60cm 深度上，均有 47.52%的样点分别属于硫酸盐和氯化物-硫酸盐，氯化物盐的样点占 4.96%。在 60~100cm 深度上，37.62%的样点属于硫酸盐，氯化物盐的样点增加到 9.9%。土壤中硫酸盐的表聚性较氯化物盐强，随着深度的增加逐层递减，氯化物盐的变化则与之相反。这可能是由于：① 雨水的淋

溶作用使得可溶盐中溶解度最高的氯化物首先遭到淋溶，溶解度相对较小的硫酸盐类在土壤表层相对富集；② 植物根系对 SO_4^{2-} 有一定的吸附作用。

阳离子主要为 Na^+ 和 Ca^{2+}，从它们含量均值占阳离子总量均值的比例来看，Na^+ 从上到下在不同深度剖面上分别占阳离子总量的 72.19%、73.07% 和 70.95%，Ca^{2+} 分别占到 21.31%、19.75% 和 20.55%，两者合计在各层均超过 90%。

阴离子中 SO_4^{2-} 主占绝对优势，其次是 Cl^-，两者之和在不同深度上均超过 94%，两者含量在垂直深度上的变化也反映了上述的表聚性特征。CO_3^{2-} 在大部分样点上为 0 至微量，在 pH 值>9.5 的情况下含量会超过 0.2g/kg，最高值 2.61 g/kg 出现在 pH = 10.58 的样点上。各土层中，所有样点碱度（HCO_3^-）均大于 0.05%，约 70%的样点碱度>1%，说明研究区土壤均属于苏打碱化土。

土壤 pH 的均值在不同深度上差别不大，分别为 8.87、8.91 和 8.91（表 2-2）。根据土壤酸碱分级标准[21]，土壤总体呈强碱性。

按照反映离散程度的变异系数大小对土壤碱分变异性进行分级：变异系数<10%为弱变异性；变异系数 10%~100%为中等变异性；变异系数>100%为强变异性[22]。研究区 pH 值和 CO_3^{2-} 在不同深度剖面上波动较小，变异系数均小于 10%。总盐、SO_4^{2-} 和 Na^+ 为中等变异性。SO_4^{2-}、K^+ 在表层土壤中为中等变异性，但是随着深度的增加，变异性增强。Cl^- 则与之相反，中下层的变异性要小于表层。HCO_3^-、Mg^{2+} 基本上呈强变异特征，含量在不同深度上差异均较大。变异强度和离子与以下化学特性密切相关。① HCO_3^- 和酸性、碱性物质均易发生反应，当它和酸性物质反应时会生成 H_2O 和 CO_2，和碱性物质反应则生成 CO_3^{2-} 和 H_2O，具有易变性。② Mg^{2+}、Ca^{2+} 与 CO_3^{2-} 反应时均产生沉淀，并使它们在深度剖面上分布不均匀，变异强度增大，但是 $Ca(HCO_3)_2$ 的溶解度要好于 $CaCO_3$，而 $Mg(HCO_3)_2$ 和 $MgCO_3$ 的溶解度均很低，因此 Ca^{2+} 在土壤溶液中的游离度要高于 Mg^{2+}，变异性较 Mg^{2+} 弱。③ 氯化物的高溶解度，使得 Cl^- 在表层受到雨水淋洗的影响较大。

表 2-2　各土层土壤 pH、离子参数统计特征　(g/kg)

深度	统计值	pH 值	总盐	HCO_3^-	CO_3^{2-}	Cl^-	SO_4^{2-}	Ca^{2+}	Mg^{2+}	K^+	Na^+
0~20cm	最大值	10.58	67.1	6.627	2.61	15.629	41.859	3.820	2.132	0.600	18.150
	最小值	7.60	0.75	0.110	0	0.006	0.042	0.005	0.003	0.021	0.078
	均值	8.87	18.715	0.572	0.183	1.773	9.643	1.252	0.171	0.211	4.240
	中值	8.73	16.55	0.262	0.015	0.823	9.021	0.909	0.061	0.195	3.89
	变异系数（%）	7.6	68.6	150.7	2.5995	147.3	77	88.8	182.7	64.6	81.8
20~60cm	最大值	10.32	44.1	2.707	1.585	7.749	25.762	3.171	2.132	1.132	8.783
	最小值	7.51	0.85	0.114	0	0.013	0.078	0.005	0.005	0.006	0.056
	均值	8.91	17.111	0.443	0.120	1.939	8.657	1.056	0.243	0.141	3.908
	中值	8.86	14.7	0.239	0.019	1.517	7.548	0.38	0.122	0.102	3.891
	变异系数（%）	7	60.7	117.7	2.2922	82.4	76.8	100.9	145.3	108.4	55.7
60~100cm	最大值	10.30	37	1.960	0.925	6.883	21.413	2.797	2.589	2.124	8.490
	最小值	7.38	0.9	0.091	0	0.019	0.023	0.005	0.003	0.010	0.116
	均值	8.91	12.545	0.382	0.081	1.582	6.195	0.808	0.228	0.106	2.789
	中值	8.86	10.35	0.258	0.018	1.204	4.367	0.215	0.076	0.067	2.688
	变异系数（%）	6.7	73.7	97.2	2.2596	83.7	91.6	124.1	170.9	204.2	66.9

2.3.2　奇台绿洲碱化土壤的空间分布格局

根据土壤 pH 与含盐量在高程上的变化特征，将研究区划分为三个区域：高程高于 740m 的陡坡区为碱化区，高程低于 680m 的缓坡区为积盐区，中间为脱盐碱化区（表 2-3）。碱化区坡度最大，pH 值与 HCO_3^- 含量最高。积盐区的含盐量、Cl^-、SO_4^{2-} 及各阳性离子含量最高，坡度最小，虽然该区域 pH 均值也高达 8.41，碱性较强，因为土表在泛盐期有盐霜现象出现，因此称之为积盐区。

表 2-3　主要碱、盐指标及离子的空间分布特征　(g/kg)

类型	坡度	pH 值	总盐	HCO_3^-	Cl^-	SO_4^{2-}	Ca^{2+}	Mg^{2+}	Na^+
积盐区 高程<680m	0.637	8.413	26.902	0.301	2.895	14.493	2.236	0.469	5.372
脱盐碱化区 680m<高程<740m	1.009	8.829	20.936	0.275	0.947	12.567	1.361	0.099	4.892
碱化区 高程>740m	1.178	9.081	14.606	0.772	1.536	6.746	0.803	0.065	3.572

为了进一步定量地描述土壤碱（盐）分布的随机性和结构性、独立性和相关性，采用地统计方法中的克里格插值法进行空间变异结构、分布格局的分析和探讨（图 2-2）。

尽管受到耕地和局部地形变化的影响，如喇嘛胡梁、东大梁的隆起，各碱、盐分属性变化并不十分均匀，基于高程的三个分区仍然可以基本确定研究区土壤碱化的存在状态，即东南碱化、西北积盐、土壤以碱化为主要特征，盐化范围相对比较小。

pH 值和 HCO_3^- 空间分布格局相似度非常高［图 2-2（a-b）］，符合二者之间的相关性分析结果（表 2-4），这说明 HCO_3^- 是该区总碱度的主要影响因素。碱化程度变化趋势与高程变化一致，西北低处轻度碱化，东部高地则碱化强烈。HCO_3^- 主要来源于大气、植物呼吸以及土壤有机质分解过程中释放的 CO_2 与水的反应[23]。奇台绿洲碱化区与泉水溢出带相吻合，曾经长时期的湿地沼泽效应提供了大量的 HCO_3^-。

总盐与 SO_4^{2} 以及其他离子分布格局很相像［图 2-2（c-h）］，反映出硫酸盐是该区域的主要盐分类型，与相关性分析结果一致。含盐量按照地势从高向低由东南向西北逐渐增加，柳树河子、八户地、满营湖地处积盐区。这也印证了盐渍化的一般规律，即盐随水向低处积聚。原因主要有以下三个。① 高海拔区比低海拔区脱离地下水影响早。② 降雨引发的洪水和积水会从东南向西北汇聚并带去高处土壤中的盐分，汇聚在低洼缓坡区的积水不易泄散，盐分不断积聚。③ 次生盐渍化也是低缓坡区积盐现象的原因之一。Cl^- 在碱化区也有较高含量［图 2-2（e）］，但是由于 pH 值增加使得土壤胶体表面的正电荷减少，从而导致对阴离子的静电吸附量减少，Cl^- 主要以离子态存在于土壤溶液中，Cl^- 作为中性离子对 pH 值的影响不大。

Mg^{2+} 和 Ca^{2+} 在 pH 值>9.5 的高碱化区的值有所增加［图 2-2（g-h）］，是因为这个区域会受到 CO_3^{2-} 的影响，产生沉淀，不易溶解。其他的易溶性盐在降水和地形的共同作用下由高向低的淋洗过程中，Mg^{2+}、Ca^{2+} 与 CO_3^{2-} 反应在此区域沉淀存留，这也加大了它们的变异强度。由东南角碱化区三个庄子向西北角积盐区满营湖处做一条

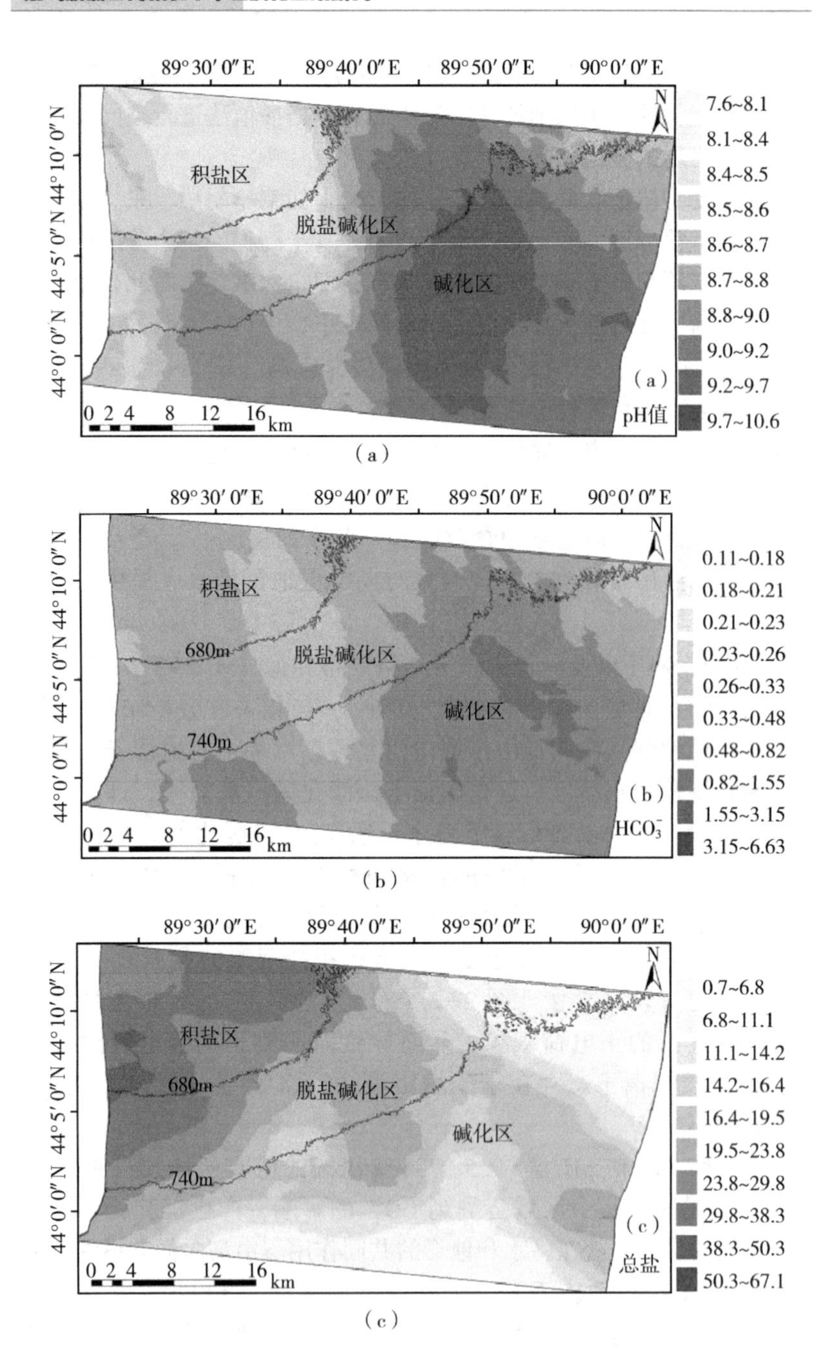
89°30′0″E
89°40′0″E
89°50′0″E
90°0′0″E
44°10′0″N
44°5′0″N
44°0′0″N
积盐区
脱盐碱化区
碱化区
680m
740m
0 2 4 8 12 16 km
N
（a）
pH值
7.6~8.1
8.1~8.4
8.4~8.5
8.5~8.6
8.6~8.7
8.7~8.8
8.8~9.0
9.0~9.2
9.2~9.7
9.7~10.6
（b）
HCO_3^-
0.11~0.18
0.18~0.21
0.21~0.23
0.23~0.26
0.26~0.33
0.33~0.48
0.48~0.82
0.82~1.55
1.55~3.15
3.15~6.63
（c）
总盐
0.7~6.8
6.8~11.1
11.1~14.2
14.2~16.4
16.4~19.5
19.5~23.8
23.8~29.8
29.8~38.3
38.3~50.3
50.3~67.1

（a）

（b）

（c）

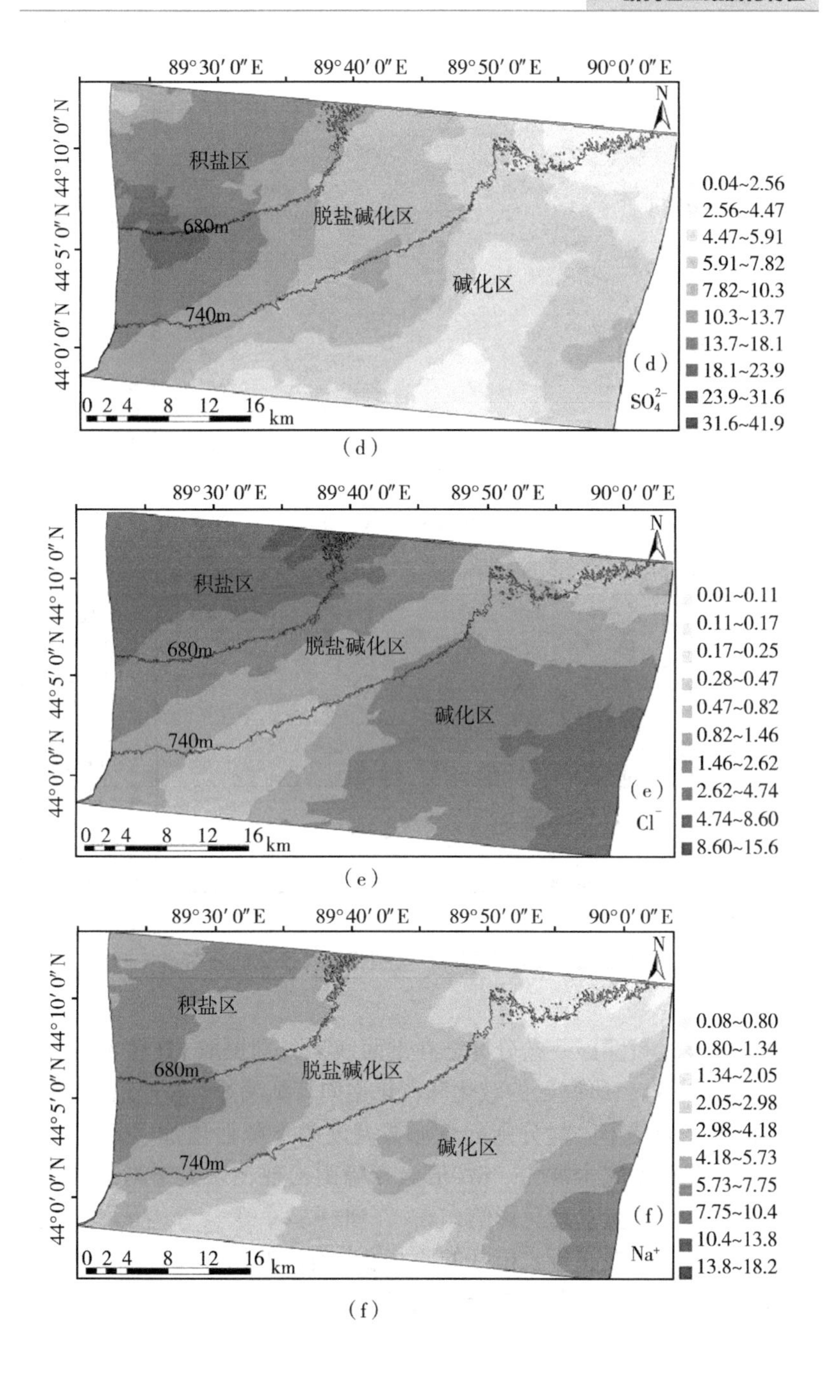
89°30′0″E
89°40′0″E
89°50′0″E
90°0′0″E
44°10′0″N
44°5′0″N
44°0′0″N
N
积盐区
680m
脱盐碱化区
740m
碱化区
(d)
SO_4^{2-}
0 2 4 8 12 16 km
0.04~2.56
2.56~4.47
4.47~5.91
5.91~7.82
7.82~10.3
10.3~13.7
13.7~18.1
18.1~23.9
23.9~31.6
31.6~41.9

(d)

89°30′0″E
89°40′0″E
89°50′0″E
90°0′0″E
44°10′0″N
44°5′0″N
44°0′0″N
N
积盐区
680m
脱盐碱化区
740m
碱化区
(e)
Cl^-
0 2 4 8 12 16 km
0.01~0.11
0.11~0.17
0.17~0.25
0.28~0.47
0.47~0.82
0.82~1.46
1.46~2.62
2.62~4.74
4.74~8.60
8.60~15.6

(e)

89°30′0″E
89°40′0″E
89°50′0″E
90°0′0″E
44°10′0″N
44°5′0″N
44°0′0″N
N
积盐区
680m
脱盐碱化区
740m
碱化区
(f)
Na^+
0 2 4 8 12 16 km
0.08~0.80
0.80~1.34
1.34~2.05
2.05~2.98
2.98~4.18
4.18~5.73
5.73~7.75
7.75~10.4
10.4~13.8
13.8~18.2

(f)

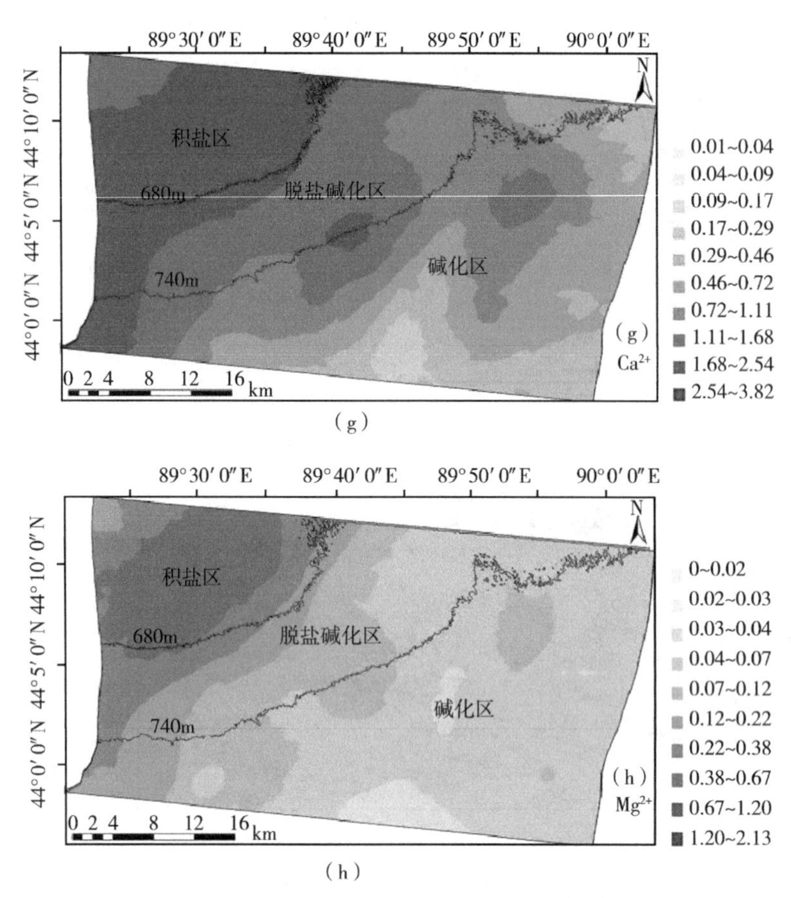

（g）

（h）

图 2-2　土壤表层碱、盐指标及离子空间分布

剖面线，该线贯穿碱—盐分区，在剖面线上分别提取 pH 值和含盐量信息（图 2-3），研究区的碱化和盐化逆向特征明显。pH 值随着海拔高度的下降而减小，盐分则随着海拔高度的下降而增加。pH 值和含盐量的变化并不完全均匀。pH 值最高峰则出现在东大梁附近的泉水溢出带内。受次生盐渍化影响，在八户地水库一带盐分出现了一个高峰值，盐分曲线在接近农田区的西北沿时有小幅向上波动，说明在坡度影响下，灌溉对盐分向较低边缘有一定的洗渗作用。

表 2-4 碱、盐离子及高程相关分析矩阵

深度		pH 值	总盐	HCO_3^-	Cl^-	SO_4^{2-}	Ca^{2+}	Mg^{2+}	Na^+	含水率	高程	坡度
0~20cm	pH 值	1										
	总盐	-0.032	1									
	HCO_3^-	0.476**	-0.225**	1								
	Cl^-	0.142*	0.489**	0.025	1							
	SO_4^{2-}	-0.130	0.803**	-0.298**	0.308**	1						
	Ca^{2+}	-0.494**	0.409**	-0.539**	0.123	0.519**	1					
	Mg^{2+}	-0.423**	0.373**	-0.282**	0.160*	0.441**	0.555**	1				
	Na^+	0.213**	0.723**	-0.023	0.594**	0.558**	0.140*	0.139*	1			
	含水率	0.110	0.282**	0.164*	0.319**	0.206**	0.024	0.149*	0.335**	1		
	高程	0.275**	-0.260**	0.157*	-0.069	-0.330**	-0.380**	-0.389**	-0.122	-0.108	1	
	坡度	0.110	-0.144*	0.073	-0.131	-0.117**	-0.135*	-0.204**	-0.109	-0.028	0.224**	1
20~60cm	pH 值	1										
	总盐	-0.135*	1									
	HCO_3^-	0.446**	-0.443**	1								
	Cl^-	0.111	0.390**	-0.206**	1							
	SO_4^{2-}	-0.159*	0.832**	-0.476**	0.257**	1						
	Ca^{2+}	-0.424**	0.547**	-0.665**	0.184**	0.593**	1					
	Mg^{2+}	-0.362**	0.526**	-0.415**	0.225**	0.565**	0.562**	1				
	Na^+	-0.034	0.770**	-0.311**	0.475**	0.645**	0.347**	0.372**	1			
	含水率	-0.086	0.223**	0.065	0.262**	0.171*	0.065	0.328**	0.250**	1		
	高程	0.221**	-0.219**	0.174*	-0.114	-0.216**	-0.227**	-0.334**	-0.183**	-0.309**	1	
	坡度	0.154*	-0.072	0.074	-0.098	-0.053	-0.068*	-0.058	-0.087	-0.111	0.224**	1

（续表）

深度		pH 值	总盐	HCO_3^-	Cl^-	SO_4^{2-}	Ca^{2+}	Mg^{2+}	Na^+	含水率	高程	坡度
	pH 值	1										
	总盐	-0.056	1									
	HCO_3^-	0.421**	-0.440**	1								
	Cl^-	0.107	0.497**	-0.034**	1							
	SO_4^{2-}	-0.084	0.833**	-0.458**	0.369**	1						
60~100cm	Ca^{2+}	-0.416**	0.546**	-0.712**	0.290**	0.579**	1					
	Mg^{2+}	-0.328**	0.529**	-0.503**	0.283**	0.567**	0.633**	1				
	Na^+	0.062	0.801**	-0.336**	0.557**	0.663**	0.367**	0.376**	1			
	含水率	-0.018	0.095	0.137*	0.111	0.044	0.017	0.142*	0.097	1		
	高程	0.146*	-0.141*	0.086	-0.121	-0.138*	-0.134*	-0.257**	-0.109	-0.398**	1	
	坡度	0.053	-0.020	0.045	-0.074	-0.004	-0.002	-0.014	-0.056	-0.098	0.224**	1

* 表示显著性水平为 5%； ** 表示显著性水平为 1%。

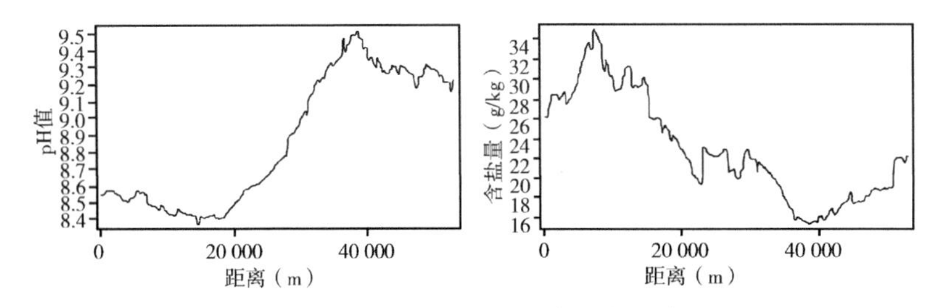

图 2-3　pH 值与含盐量由西北向东南变化的剖面特征

2.4　小结

盐渍土的发生受区域性因素的制约和影响，其盐分组成及离子比例呈现地域性特点，积盐、脱盐过程存在差异。盐渍土的形成是母质、气候、地形地貌、生物等因素综合作用的结果[22,24-25]。地形高低起伏和物质组成的不同直接影响到地面地下径流的运动，同时也影响土体中盐分的运动[26]。针对新疆干旱区的土壤盐渍化特性，学者们从土壤盐渍化程度、类型、成因、分布以及土壤盐渍化发展方向、防治措施等方面进行了深入的探讨[27-30]，但上述研究多集中于极端干旱且土表积盐严重的南疆地区，对于以碱化为特征的天山北坡土壤碱（盐）成分、离子组成及其分布格局的研究报道较少。本章在对碱化土壤进行实测分析的基础上，分析了新疆天山北坡奇台绿洲的土壤碱化特征，利用 GIS 和地统计学方法，探讨了研究区基于区域尺度地形因子的碱化土壤空间分异规律。结果如下。

① 奇台绿洲土壤属苏打碱化土，碱化强烈，pH 均值超过 8.8。

② 各碱、盐离子在区域分布上均有明显的空间变异性，变异强度与各碱、盐离子的化学特性密切相关。东大梁附近 pH 值最高，在 pH 值>9 的强碱化区分布大片白板地，通透性差，植物难以生长。含盐量最高值出现在八户地水库一带。

参考文献

[1] 奇台县史志编纂委员会．奇台县志［M］．乌鲁木齐：新疆大学出版社，1994：64-71，84-86.

[2] 昌吉回族自治州农业局．昌吉州土壤［M］．乌鲁木齐：新疆科技卫生出版社，1993：13.

[3] 白建科，陈隽璐，彭素霞．新疆奇台县黄羊山岩浆热液型石墨矿床含矿岩体年代学与地球化学特征［J］．岩石学报，2018，34（8）：2327-2340.

[4] 李源，耿庆龙，赖宁，等．干旱区无覆膜滴灌冬小麦土壤盐分时空演化特征［J］．干旱区研究，2019，36（3）：582-588.

[5] ABDUR RASHID，SEEMA ANJUM KHATTAK，LIAQAT ALI，et al. Geochemical profile and source identification of surface and groundwater pollution of District Chitral，Northern Pakistan［J］. Microchemical Journal，2019，145：1058-1065.

[6] 王世伟，李兴俭，黄诚．新疆奇台县西黑山膨润土矿Ⅲ号矿体地质特征及成因［J］．中国金属通报，2018（5）：87-88.

[7] 张芳．新疆奇台绿洲土壤碱化特征及遥感监测研究［D］．新疆大学，2011.

[8] 韩茜．新疆奇台县绿洲土壤特性空间变异及盐渍化逆向演替研究［D］．乌鲁木齐：新疆大学，2008.

[9] 田喜凤．奇台县气候资源变化分析［J］．新疆农垦科技，2016，39（10）：59-61.

[10] 司马震．单孔多层监测井在奇台县地下水动态监测中的应用［J］．水资源开发与管理，2018（5）：78-80.

[11] 雷米，周金龙，吴彬，等．新疆昌吉州东部平原区地下水水文地球化学演化分析［J］．干旱区研究，2020，37

(1)：105-115.
[12] 白微微，杨安沛，张航，等．新疆荒漠绿洲区甜菜田杂草组成及群落特征 [J]. 西北农业学报，2018，27 (8)：1209-1215.
[13] 常春华．奇台县农业水资源评价与优化配置研究 [D]. 乌鲁木齐：新疆大学，2007.
[14] 李根生，曾强，董敬宣，等．准东矿区邻近奇台绿洲地下水位变化趋势分析 [J]. 中国矿业，2017，26 (5)：148-153.
[15] 马海兵．新疆奇台县地下水资源模拟评价及优化配置分析 [J]. 地下水，2017，39 (4)：245-246.
[16] 宋文娟．新疆奇台县冰川波动与气候、水文变化研究 [D]. 乌鲁木齐：新疆大学，2008.
[17] 张馨，林辰壹．8 种野生葱属植物的叶形态特征及其分类学意义研究 [J]. 西北农林科技大学学报（自然科学版)，2018，46 (4)：107-116.
[18] 李珊珊．新疆北塔山地区植物区系与植物资源研究 [D]. 石河子：石河子大学，2017.
[19] 中国土壤学会．土壤农业化学常规分析方法 [M]. 北京：科学出版社，1983：45-56.
[20] 中国科学院新疆综合考察队．新疆土壤地理 [M]. 北京：科学出版社，1965.
[21] 新疆农业厅，新疆土壤普查办公室．新疆土壤 [M]. 北京：科学出版社，1996.
[22] ZHOU S W，ZHANG G Y，ZHANG X. Exchange reaction between selenite and hydroxylion of variable charge soil surfaces I. Electrolyte species and pH effects [J]. Pedosphere. 2003，13 (3)：227-232.
[23] 李法虎．土壤物理化学 [M]. 北京：化学工业出版社，2006：236.
[24] 毛任钊，田魁祥，松本聪，等．盐渍土盐分指标及其与

化学组成的关系 [J]. 土壤, 1997, (6): 326-330.

[25] 郡金标, 张福锁, 田长彦. 新疆盐生植物 [M]. 北京: 科学出版社, 2006.

[26] 王遵亲. 中国盐渍土 [M]. 北京: 科学出版社, 1993.

[27] 周洪华, 陈亚宁, 李卫红. 新疆铁干里克绿洲水文过程对土壤盐渍化的影响 [J]. 地理学报, 2008, 63 (7): 714-724

[28] 张飞, 丁建丽, 塔西甫拉提·特依拜, 等. 于旱区典型绿洲土壤盐渍化特征分析 [J]. 草业学报, 2007, 16 (4): 34-40.

[29] 王全九, 王文焰, 汪志荣, 等. 排水地段土壤盐分变化特征分析 [J]. 土壤学报, 2001, 38 (2): 271-276.

[30] 牛宝茹. 塔里木河上游表土积盐量遥感信息提取研究 [J]. 土壤学报, 2005, 42 (4): 674-677.

3 试验用烟气脱硫石膏的生产过程及品质分析

3.1 湿式石灰石-石膏法烟气脱硫工艺原理

湿式石灰石-石膏法烟气脱硫是用石灰石浆液洗涤经除尘后的烟气，烟气中的 SO_2 和石灰石浆液反应进而达到脱除 SO_2 的目的[1]。截至目前，这种方法是世界上应用最为成熟的脱硫技术。其特点是脱硫效率高达 95%以上，适合各种煤种，且吸收剂价廉易得，其脱硫副产物可进行综合利用，具有很大的商业价值[2-6]。湿式石灰石-石膏法烟气脱硫过程反应如下[7,8]。

SO_2 的吸收。在水中，气相 SO_2 被吸收，生成 H_2SO_3：

$$SO_2 \rightarrow SO_2\text{（液）} \tag{3-1}$$

$$SO_2\text{（液）} + H_2O \rightarrow H^+ + HSO_3^- \tag{3-2}$$

$$HSO_3^- \rightarrow H^+ + SO_3^{2-} \tag{3-3}$$

$CaCO_3$ 的消溶。在 H^+ 的作用下，$CaCO_3$ 溶解成一定浓度的 Ca^{2+}：

$$CaCO_3\text{（固）} \rightarrow Ca^{2+} + CO_3^{2-} \tag{3-4}$$

$$H^+ + CO_3^{2-} \rightarrow HCO_3^- \tag{3-5}$$

$$H^+ + HCO_3^- \rightarrow H_2O + CO_2\text{（液）} \tag{3-6}$$

$$CO_2\text{（1）} \rightarrow CO_2\uparrow\text{（气）} \tag{3-7}$$

亚硫酸盐的氧化。反应过程中，一部分 HSO_3^- 和 SO_3^{2-} 氧化成 HSO_4^- 和 SO_4^{2-}：

$$HSO_3^- + 1/2O_2 \rightarrow HSO_4^- \tag{3-8}$$

$$SO_3^{2-} + 1/2O_2 \rightarrow SO_4^{2-} \tag{3-9}$$

石膏结晶：

$$Ca^{2+} + SO_4^{2-} + 2H_2O \rightarrow CaSO_4 \cdot 2H_2O\text{（固）} \tag{3-10}$$

反应过程中伴随以下副反应：

$$Ca^{2+}+SO_3^{2-}+2H_2O \rightarrow CaSO_3 \cdot 2H_2O \tag{3-11}$$

总反应方程式如下：

$$2CaCO_3+2SO_2+O_2+2H_2O \rightarrow 2CaSO_4 \cdot 2H_2O\downarrow \text{（固）} +2CO_2\uparrow \text{（气）} \tag{3-12}$$

烟气从锅炉出来后，经除尘的净烟气先经过气/气换热器（Gas-Gas Heater，GGH）冷却，然后进入脱硫吸收塔，在塔内，烟气中的二氧化硫与石灰石浆液发生反应被吸收，脱硫后的烟气经过 GGH 再热则升温，最后从烟囱排放到大气中。吸收过二氧化硫的石灰石浆液循环利用，当石膏浆液达到一定饱和度时排入石膏脱水系统[9]。湿式石灰石-石膏法主要由以下几个系统组成[10]。

3.1.1 烟气系统

烟气系统的主要作用是 FGD 系统的投入和切除。经过除尘器除尘后的烟气先进入烟气换热器降温至 100℃以下，进入脱硫塔的烟气经喷淋脱硫后烟气温度进一步降低至 40~50℃，而后的净烟气经除雾器除去小液滴后再次进入 GGH 升温，使烟温高于露点温度，最终由烟囱排入大气。烟气系统流程为：

除尘后烟气→进口挡板→增压风机→GGH 原烟侧→吸收塔→GGH 净烟侧→出口挡板→烟囱。

3.1.2 吸收剂制备系统

石灰石价廉易得且储量丰富，是 FGD 中应用最为广泛的吸收剂[11]。作为 FGD 吸收剂石灰石的粒度为 250~400 目，且 CaO 的含量高于 50%。石灰石浆液制备系统由石灰石的磨制和浆液制备两部分组成，磨制好的石灰石粉输送进石浆液箱中，配制成的石灰石浆浓度在 20%~30%。

吸收剂的制备系统对后续反应有很大的影响，石灰石的粒径过大过小都会影响 SO_2 的吸收，还会影响石膏结晶过程，影响石膏晶体的粒度和纯度[6]。

3.1.3 SO_2 吸收系统

烟气中含有 SO_2、SO_3、HCl、HF 及飞灰等物质，吸收系统主要来脱除这些物质。除尘后的烟气经过 GGH 降温后进入脱硫塔，烟气中的 SO_2 与石灰石浆液发生反应，生成的 SO_3^{2-} 根及 HSO_3^- 根经氧化后，结晶生成石膏[12]。石膏、飞灰和杂质等将被排入脱水系统。脱硫后的净烟气先进入除雾器除去小液滴，然后再经 GGH 升温后排出烟囱[13]。

吸收系统影响脱硫石膏生成因素有：烟气流量、烟气中 SO_2 浓度、烟气含尘量、浆液 pH 值、吸收塔类型等[14]。

3.1.4 氧化系统

氧化系统主要是通过氧化风机向反应池内通入空气，将生成的亚硫酸根和亚硫酸氢根强制氧化成硫酸根离子，最终结晶析出颗粒大、脱水性能好的脱硫石膏。

氧化系统直接关系到石膏的品质。若氧化力度不够，脱硫石膏中亚硫酸钙和亚硫酸氢钙含量超标，这将严重影响脱硫石膏的综合利用。

3.1.5 石膏脱水系统

石膏脱水系统主要设备有石膏浆液排出泵、石膏旋流器、真空皮带脱水机等，当吸收塔底部浆液含固量为 8%~10%时，经一级水力旋流器分离出石膏、飞灰和石灰石残留物等固体，然后因为重力返回溢流箱，最后再用溢流泵返回吸收塔[15]。在水力旋流器中浆液含固量达到 40%~60%时，石膏和其他残留物用真空皮带机脱水至含水率低于 10%，送进石膏料仓。

脱硫石膏结晶粒径越大、氯离子和飞灰的含量越低，越有利于石膏脱水，氯离子含量过高严重影响石膏品质，为确保石膏品质，脱硫系统设有滤饼冲洗系统[16]。

3.2 脱硫石膏品质分析

3.2.1 颗粒特征及分布规律

脱硫石膏晶体大部分单独存在且完整均匀，但也有双晶态存在，主要以六角板状、菱形、短柱状存在。不同产地的脱硫石膏的晶体形态也会有差异，这主要跟石灰石浆液、进入脱硫系统的飞灰含量、氧化系统运行情况等有关系[5,6,17-20]。

脱硫石膏是在脱硫塔中石膏浆液与烟气 SO_2 反应形成的，由于反应时间及反应浓度等因素相同，结晶后石膏晶体外观规整呈细粉态，粒径相差不大，脱硫石膏的粒径分布较窄，主要集中在 30～60μm[21]，基本呈正态分布。而天然石膏颗粒大小不均，形状不规则。天然石膏粉磨后的级配优于脱硫石膏。脱硫石膏粉磨后粗颗粒多为石膏，细颗粒多为杂质，天然石膏恰恰相反。脱硫石膏的这种特性不利于建筑石膏加水量的控制，浆液流变性不好，易造成成品容重偏大等问题[22]。表 3-1 为脱硫石膏与天然石膏粒径对比。

表 3-1　两种石膏的颗粒分布特征

样品种类	>80μm	60～80μm	40～60μm	20～40μm	<20μm
A 厂脱石膏	2.2	20.6	40.0	35.1	2.1
B 厂脱石膏	3.5	17.0	39.1	38.5	1.9
天然石膏	8.7	15.6	14.4	31.9	29.4

3.2.2 物理性能

正常的脱硫石膏外观应接近白色，但因为有飞灰和其他杂质的存在，大部分脱硫石膏呈灰色或灰黄色。脱硫石膏含有 10%～20%的游离水，呈湿粉状[23,24]。由于含水率高呈细粉态，所以易造成黏附设备、积料堵塞的现象。

3.2.3 化学成分分析

脱硫石膏主要成分为 $CaSO_4 \cdot 2H_2O$，$CaSO_4 \cdot 2H_2O$ 含量达到90%以上，纯度高于天然石膏[18-20,25]。由于工艺条件等因素，脱硫石膏杂质成分较复杂，可溶性盐离子浓度高于天然石膏，由于引入飞灰的缘故，脱硫石膏中的二氧化硅含量较高，会影响脱硫石膏的粉磨性能，同时烟气中的重金属和氯离子等会严重影响脱硫石膏品质[26,27]。天然石膏与脱硫石膏化学成分组成对比见表 3-2。

表 3-2 脱硫石膏与天然石膏的主要组成成分对比

化学成分	$CaSO_4 \cdot 2H_2O$	$CaSO_4 \cdot 1/2H_2O$	$CaSO_3$	MgO	H_2O	SiO_2	Al_2O_3	Fe_2O_3
脱硫石膏（%）	85~90	1.20	5~8	0.86	10~15	1.20	2.80	0.6
天然石膏（%）	70~74	0.50	2~4	3.80	3~4	3.49	1.04	0.3

3.3 脱硫石膏与天然石膏品质对比分析

3.3.1 脱硫石膏与天然石膏的相同点[28-30]

（1）凝结特征、水化动力学相近。

（2）主要矿物成分为 $CaSO_4 \cdot 2H_2O$，在不同温度下转化形态一样。

3.3.2 脱硫石膏与天然石膏的不同点[31-33]

（1）晶体形状。天然石膏晶体均为单斜晶系，大部分呈六角板状，少数为棱柱状。而脱硫石膏晶体大部分单独存在且完整均匀，但也有双晶态存在，主要以六角板状、菱形、短柱状存在。

（2）物理性能。天然石膏一般呈白色，而脱硫石膏多为灰黄色、褐色；天然石膏多为块状，颗粒粗细差别较大，脱硫石膏颗粒均匀，粒径级配差，呈湿粉状。

（3）脱硫石膏含水率一般在10%~20%，天然石膏含水率一般低于10%。

（4）化学成分上，脱硫石膏品味高于天然石膏，杂质成分复杂，可溶性盐离子和氯离子含量高，脱硫建筑石膏制品易出现表面泛霜、黏结力降低等问题。

（5）脱硫石膏制成的建筑石膏流动性较差，石膏制品容重偏大。脱硫石膏与天然石膏制成熟石膏相关特性见表3-3。

表3-3　脱硫石膏与天然石膏制成的熟石膏参数对比

石膏类型		脱硫石膏制成的熟石膏		天然石膏制成的熟石膏
		未粉磨	粉磨后	
石膏相	二水石膏（%）	4	4	2
	半水石膏（%）	83	83	80
	无水石膏Ⅰ（%）	4	4	5
	无水石膏Ⅱ（%）	5	5	3
	比表面积（cm^2/g）	1 600	4 700	4 300
	松散容重（g/L）	1 100	900	900
工艺数据	陈化前水膏比	0.65	0.72	0.68
	陈化后水膏比	0.56	0.64	0.60

3.4　小结

（1）介绍了湿式石灰石-石膏法烟气脱硫工艺原理及工艺系统。烟气从锅炉出来后，经除尘的净烟气先经过GGH冷却，然后进入脱硫吸收塔，在塔内，烟气中的二氧化硫与石灰石浆液发生反应被吸收，脱硫后的烟气经过GGH的再热侧升温，最后从烟囱排放到大气中。吸收过二氧化硫的石灰石浆液循环利用，当石膏浆液达到一定饱和度时排入石膏制备系统。工艺系统主要有：吸收剂制备系统、烟气系统、SO_2吸收系统、氧化系统、脱水系统。

（2）脱硫石膏的颗粒粒径基本呈正态分布，主要集中在30~60μm，脱硫石膏含水率高，呈湿粉态，颜色深，多为灰黄色和褐色。

杂质成分复杂，白度低。

(3) 脱硫石膏在水化动力学和凝结特征等方面与天然石膏相似，脱硫石膏晶体多单独存在，颗粒级配差、白度低、含水率高，天然石膏在制成熟石膏后其表面积与天然石膏差别较大。

参考文献

[1] 周建中，冯菊莲，赵金平，等. 烟气脱硫石膏嵌缝腻子的研制 [J]. 新型建筑材料，2010，1：16-19.

[2] KALYONCU R S. Coal combustion products and uses [R]. U. S. geological survey (USGS)，Reston，2001.

[3] Olsondw. U. S. geological survey minerals year book - 1999 [R]. 2000.

[4] 王俊. 火力发电厂石灰石-石膏湿法脱硫系统优化运行研究 [D]. 北京：北京交通大学，2010.

[5] 曹探玲，赵铮红，杨一帆. 新型脱硫除尘一体化技术在热电联产机组的应用 [J]. 环境污染与防治，2010，32 (6)：108-110.

[6] TZOUVALAS G，RANTIS G，TSIMAS S. Alternative calcium-sulfate-bearing material as cement retarders：Part II. FGD gypsum [J]. Cement and Concrete Research，2004，34：2119-2125.

[7] 曹洋，赵建业，刘军辉，等. 吸收塔入口烟气参数对石灰石-石膏湿法脱硫效率的影响 [J]. 煤炭加工与综合利用，2019 (6)：107-109，112.

[8] Z. YONGGAN，YAN LI，W. Shujuan，et al. Combined Application of a Straw Layer and Flue Gas Desulphurization Gypsum To Reduce Soil Salinity and Alkalinity [J]. Pedosphere，2020，30 (2)：226-235.

[9] 刘云霄，张春苗，赵洁，等. 脱硫建筑石膏水化特性与机理分析 [J]. 硅酸盐通报，2018，37 (8)：2583-2587.

[10] 张磊，刘树昌．大型电站煤粉锅炉烟气脱硫技术［M］. 北京：中国电力出版社，2009：26-30.

[11] 滕农，张运宇，魏晗，等．石灰石/石膏湿法 FGD 装置除尘效率和 SO_3 脱除率探讨［J］. 电力环境保护，2009，24（4）：27-28.

[12] 吕建东，马帅国，田蓉蓉，等．脱硫石膏改良盐碱土对水稻产量及其相关性状的影响［J］. 河南农业科学，2018，47（12）：20-27.

[13] 杨建辉，张菁燕．保温型脱硫石膏基粘合剂的制备及性能研究［J］. 粉煤灰综合利用，2017（1）：48-49，52.

[14] 王增蓁．火电厂脱硫石膏资源化研究［D］. 北京：华北电力大学，2013.

[15] 余海燕，李永强，王蕾．改性材料对脱硫石膏物理力学性能的影响及作用机理［J］. 河南城建学院学报，2019，28（4）：45-53.

[16] 汪潇，金彪，王宇斌，等．阴离子在脱硫石膏晶须水热结晶中的作用机理［J］. 高等学校化学学报，2020，41（3）：473-480.

[17] KIIL S，NYGAARD H，JOHNSSON J. Simulation studies of the influence of HCl absorption on the performance of a wet flue gas desulphurization pilot plant［J］. Chem Eng Sci，2005，57（3）：347-354.

[18] CHEA CHANDARA，KHAIRUN AZIZI MOHD AZIZLI，ZAINAL ARIFIN AHMAD. Use of waste gypsum to replace natural gypsum as set retarders in Portland cement［J］. Write management，2009，29：1675-1679.

[19] 桂苗苗，丛钢．脱硫石膏蒸压法制 α 半水石膏的研究［J］. 建筑材料，2001，23（1）：62-65.

[20] LVAREZ-AYUSO E A，QUEROL X. Study of the use of coal fly ash as an additive to minimize fluoride leaching from FGD gypsum for its disposal［J］. ChemospHere，2008，71：

140-146.
[21] 叶学东．树立磷石膏是产品的理念，为磷石膏资源化利用奠定基础［J］．磷肥与复肥，2008，23（1）：6-8.
[22] 郝莹．燃煤副产物脱硫石膏中重金属富集的地球化学特征及其环境风险［D］．上海：上海大学，2017.
[23] 何伟．常压下脱硫石膏的转晶、改性及溶解度研究［D］．武汉：武汉科技大学，2009.
[24] 田贺忠，赤仔吉明，赵喆，等．燃煤电厂烟气脱硫石膏综合利用途径及潜力分析［J］．中国电力，2006，39（2）：64-69.
[25] 卫建，王筱凤．2012 年国内纸面石膏板行业需求与分析［J］．建筑材料与应用，2012，1：80-85.
[26] 刘凯辉，刘黎伟，聂海涛．烟气湿法脱硫石膏脱水系统的优化改进及应用［J］．华电技术，2017，39（7）：64-66，70.
[27] 张东方．石灰-石膏脱硫工艺运行的关键技术指标和管理要点［J］．砖瓦，2020（4）：20-24.
[28] 栾超，方光旭，卢洪源，等．昌吉州燃煤固废资源化利用现状及对策［J］．江西建材，2019（1）：3-5.
[29] 田伟．燃煤厂固体废弃物资源化利用创新探索［J］．科学技术创新，2020（4）：195-196.
[30] 江嘉运，毕菲，肖姗姗．石膏基复合胶凝材料的物理力学性能研究［J］．硅酸盐通报，2017，36（11）：3803-3809.
[31] 赵燕，刘艳娟，祝明，等．改性沸石与脱硫石膏同步去除废水中氨氮和总磷的研究［J］．化工新型材料，2020，48（3）：265-268.
[32] 昌松．火电厂湿法烟气脱硫石膏脱水问题分析及改进措施［J］．科学技术创新，2019（31）：44-45.
[33] 刘黎伟．石灰石-石膏湿法脱硫系统运行优化研究［J］．电力科技与环保，2019，35（1）：35-36.

4 烟气脱硫石膏对碱土层的改良效果

碱土区别于非碱土的关键是土壤胶体中含有过量的交换性钠离子，这就使碱土的渗透性、硬度等物理性质很差，表现出湿时泥泞、干时坚硬，同时由于交换性钠离子含量相对较高，使土壤碱化度较大，这也是为什么人们常用碱化度的大小来衡量土壤碱化程度的原因[1-3]。另外由于碱土水溶性盐中碳酸根、重碳酸根离子含量较高，易与土壤溶液中的钠离子结合形成碳酸钠、重碳酸钠，从而使碱土呈强碱性[2,4]。

在田间施用石膏改良碱土时，最重要的是要把石膏与土壤充分混匀[5]。只有均匀，改良后的土壤才能达到计划改良指标，否则就会出现斑块改良，且改良效果很差。传统的犁与耙很难使石膏与土壤混均匀，旋耕犁虽然可以达到充分混匀的要求，但其深度只有 10～20cm，更深的位置就达不到[6,7]。这样 40cm 的计划改良深度内必然形成了二元结构，上面是石膏混合层，下面便是非混合层。

为了了解二元结构在改良过程中的效果，需要分别搞清石膏混合层及非混合层在改良过程中的化学的、物理化学的和物理的过程随时间变化而发生的特征值的规律性变化，以便为制定效果好、速度快、省石膏、省灌溉水的方案提供科学的理论依据。

4.1 材料与方法

研究两种石膏施用方法的 20cm 模拟土柱中所发生的物理化学变化，实际上可以认为是研究脱硫石膏混合层与非混合层脱硫石膏的施用方法不同所引起的差异[2,8-10]。

对设计的模拟土柱所装碱化土壤进行分析后，为了方便与溶液之间进行计算，土柱的土重乘以各项，使单位由 mmol/kg 变为 mmol，换算为土柱中土壤的离子和交换性盐的数量、全盐量以及交换性盐基和交换量，结果列于表 4-1。

表 4-1 20cm 土柱中土样的离子组成

pH 值	全盐量	CO_3^{2-}	HCO_3^-	Cl^-	SO_4^{2-}	Ca^{2+}	Mg^{2+}	K^++Na^+	交换量	交换性（%）			碱化度（%）
	(mmol)					(mmol)				Ca^{2+}	Mg^{2+}	K^++Na^+	
9.25	11.24	0.73	1.17	4.87	4.47	0.12	0.18	10.94	36.09	33.67	16.18	50.02	50.13
										12.15	5.84	18.09	

将上述各离子换算为盐类，结果见表 4-2。

表 4-2 20cm 土柱中盐分的组成和含量 (mmol)

代号	$Mg(HCO_3)_2$	$Ca(HCO_3)_2$	$NaHCO_3$	Na_2CO_3	Na_2SO_4	NaCl
原土	0.18	0.12	0.87	0.73	4.47	4.87

在本研究中，对 20cm 土柱石膏的施用方式进行了两种处理[11]，其具体处理见表 4-3。

表 4-3 20cm 土柱两种处理方式对比

代号	柱深（cm）	土重（g）	容重（g/mL）	毛管持水容重（mL）	灌水量（mL）	石膏用量（mmol）	施用方法	每次截取滤液（mL）
B_{20}	20	301	1.4	87.29	472	68.04	石膏与 20cm 深的土混匀	50
C_{20}	20	301	1.4	87.29	472	68.04	石膏撒在地表（柱）	50

4.2 试验结果及数据整理

4.2.1 改良过程中土壤水分变化

对设计的模拟土柱所装碱化土进行灌水后，截取 7 份滤液，每份

50mL，测定滤液始末时间，计算流量和通量。将改良过程中土壤水分物理变化结果列于表 4-4。可以看出，石膏混合层流量及通量几乎是非混合层的 3 倍，间接反映了不同的改良效果。

表 4-4　改良过程中滤液随时间的变化

处理代号	柱高（cm）	土重（g）	灌水（mL）	滤液（mL）	滤液始末时间（h）	流量（mL/h）	通量（mm/h）	备注（第 X 份滤液）
B_{20}-P_1	20	301	472	50	8.13	6.15	5.72	第一份
B_{20}-P_2		301	—	50	6.65	7.52	6.99	第二份
B_{20}-P_3		301	—	50	6.72	7.44	6.91	第三份
B_{20}-P_4		301	—	50	6.40	7.81	7.26	第四份
B_{20}-P_5		301	—	50	7.02	7.12	6.62	第五份
B_{20}-P_6		301	—	50	7.05	7.09	6.59	第六份
B_{20}-P_7		301	—	50	5.80	8.62	8.01	第七份
B_{20}-Σ	—	—	472	350	47.77	7.33	6.81	总量
C_{20}-P_1	20	301	472	50	19.00	2.63	2.45	第一份
C_{20}-P_2		301	—	50	15.57	3.12	2.98	第二份
C_{20}-P_3		301	—	50	18.15	2.75	2.56	第三份
C_{20}-P_4		301	—	50	18.05	2.77	2.57	第四份
C_{20}-P_5		301	—	50	17.50	2.66	2.66	第五份
C_{20}-P_6		301	—	50	17.23	2.90	2.70	第六份
C_{20}-P_7		301	—	50	17.48	2.86	2.66	第七份
C_{20}-Σ	—	—	472	350	122.98	2.85	2.65	总量

4.2.2　滤液的离子组成和变化

对设计的土柱所装碱土进行淋洗，分 7 次接取滤液，每次 50mL，化验结果列于表 4-5。

表 4-5　滤液的离子组成和含量　（mmol）

处理代号	Na/Ca	pH	全盐量	CO_3^{2-}	HCO_3^-	Cl^-	SO_4^{2-}	Ca^{2+}	Mg^{2+}	K^++Na^+	体积（mL）
原土	91.08	9.25	11.23	0.72	1.17	4.88	4.48	0.12	0.18	10.93	—

(续表)

处理代号	Na/Ca	pH	全盐量	CO_3^{2-}	HCO_3^-	Cl^-	SO_4^{2-}	Ca^{2+}	Mg^{2+}	K^++Na^+	体积 (mL)
B_{20}-P_1	16.16	8.53	21.79	0.09	0.35	4.22	17.13	1.15	2.05	18.59	50
B_{20}-P_2	1.05	8.06	3.50	0.03	0.13	0.09	3.26	1.38	0.67	1.45	50
B_{20}-P_3	0.24	7.96	2.65	0.00	0.14	0.03	2.49	1.51	0.79	0.36	50
B_{20}-P_4	0.22	7.96	2.60	0.03	0.11	0.02	2.45	1.46	0.83	0.32	50
B_{20}-P_5	0.14	7.97	2.12	0.02	0.13	0.02	1.95	1.53	0.37	0.20	50
B_{20}-P_6	0.007	7.86	2.16	0.01	0.14	0.02	1.95	1.38	0.14	0.01	50
B_{20}-P_7	0.03	7.99	2.31	0	0.016	0.02	2.13	1.56	0.71	0.05	50
B_{20}-Σ	2.11	—	37.13	0.18	1.16	4.42	31.36	9.97	5.56	21.60	350
C_{20}-P_1	35.75	9.03	9.71	0.43	0.70	3.95	5.64	0.24	0.88	8.58	50
C_{20}-P_2	71.75	9.09	1.84	0.15	0.54	0.08	2.43	0.04	0.28	2.87	50
C_{20}-P_3	82.66	8.98	2.86	0.13	0.52	0.02	2.19	0.03	0.34	2.48	50
C_{20}-P_4	51.25	8.89	2.30	0.30	0.27	0.03	1.71	0.04	0.21	2.05	50
C_{20}-P_5	19.89	8.96	2.16	0.07	0.39	0.04	1.66	0.09	0.28	1.79	50
C_{20}-P_6	5.69	8.51	2.04	0.07	0.17	0.02	1.79	0.23	0.51	1.31	50
C_{20}-P_7	4.08	8.31	2.12	0.03	0.20	0.03	1.86	0.25	0.85	1.02	50
C_{20}-Σ	22.84	—	23.03	1.18	2.79	4.17	16.26	0.88	3.35	20.10	350

4.2.3 滤液的盐分变化

为了探索滤液中所包含化学反应过程的信息，把各种阴阳离子换算为盐类[12-14]，见表4-6。

表4-6 滤液的盐分变化 (mmol)

处理代号	$CaCO_3$	$Ca(HCO_3)_2$	$CaSO_4$	$MgCO_3$	$Mg(HCO_3)_2$	$MgSO_4$	Na_2CO_3	$NaHCO_3$	Na_2SO_4	NaCl
原土	0	0.12	0	0	0.18	0	0.27	0.87	4.48	4.88
20B-P_1	0.09	0.35	0.71	0	0	2.05	0	0.	14.38	4.22
20B-P_2	0.03	0.12	1.22	0	0	0.67	0	0	1.36	0.09
20B-P_3	0	0.14	1.37	0	0	0.79	0	0	0.33	0.03
20B-P_4	0.03	0.11	1.33	0	0	0.83	0	0	0.30	0.02

（续表）

处理代号	$CaCO_3$	$Ca(HCO_3)_2$	$CaSO_4$	$MgCO_3$	$Mg(HCO_3)_2$	$MgSO_4$	Na_2CO_3	$NaHCO_3$	Na_2SO_4	NaCl
20B-P_5	0.02	0.13	1.39	0	0	0.37	0	0	0.18	0.02
20B-P_6	0.01	0.14	1.23	0	0	0.17	0	0	0.09	0.02
20B-P_7	0	0.16	1.40	0	0	0.71	0	0	0.02	.0.02
20B-Σ	0.18	1.15	8.65	0	0	5.58	0	0	16.66	4.42
20C-P_1	0	0.24	0	0.42	0.48	0	0	0.01	5.64	3.95
20C-P_2	0	0.04	0	0	0.50	0	0.16	0.22	2.42	0.08
20C-P_3	0	0.03	0	0	0.34	0	0.13	0.15	2.19	0.02
20C-P_4	0	0.04	0	0	0.21	0	0.30	0.02	1.71	0.03
20C-P_5	0	0.09	0	0.07	0.18	0.03	0	0	1.63	0.04
20C-P_6	0.06	0.17	0	0.01	0	0.50	0	0	1.29	0.02
20C-P_7	0.03	0.20	0.02	0	0	0.85	0	0	0.99	0.03
20C-Σ	0.09	0.18	0.02	0.50	1.69	1.85	0.59	0.40	14.86	4.17

4.2.4　石膏的转入途径

施入土柱石膏的去向是通过土柱中的盐分和盐基[15]，与滤液中的盐分和盐基，经过推理计算而得，列于表 4-7。

表 4-7　石膏溶解后的去向

处理编号	石膏发生的系列作用（mmol）									碱化率（%）	碱化分级	脱碱率（%）
	石膏施入量	石膏溶解量	石膏残留量	石膏渗透量	石膏转化量	与碱性盐作用量	与交换性钠作用量	与交换性镁作用量	$CaCO_3$与交换性钠作用量			
20B-	68.04	12.65	55.39	0.71	11.95	1.32	8.76	1.87	0	25.85	中	48.4
20B-	—	3.26	52.13	1.22	2.04	0	1.37	0.67	0	22.05	中	7.57
20B-	—	2.49	49.64	1.37	1.12	0	0.33	0.79	0	21.14	中	1.82
20B-	—	2.54	47.19	1.33	1.13	0	0.30	0.83	0	20.31	中	1.60
20B-	—	1.95	45.24	1.39	0.56	0	0.19	0.37	0	20.22	中	0.99
20B-	—	1.95	43.29	1.23	0.72	0	0.55	0.17	0	18.25	轻	0.50
20B-	—	2.13	41.16	1.40	0.74	0	0.03	0.71	0	18.01	轻	0.11
20B-	68.04	26.88	41.16	8.65	18.26	1.32	11.53	5.41	0	18.01	轻	61.0

（续表）

处理编号	石膏发生的系列作用（mmol）									碱化率（%）	碱化分级	脱碱率（%）
	石膏施入量	石膏溶解量	石膏残留量	石膏渗透量	石膏转化量	与碱性盐作用量	与交换性钠作用量	与交换性镁作用量	$CaCO_3$与交换性钠作用量			
20C-	68.04	1.16	67.88	0	1.16	1.16	0	0	0	50.14	碱	0
20C-	—	1.44	65.47	0	1.44	0	1.44	0	0.38	48.60	碱	3.04
20C-	—	2.19	63.28	0	2.19	0	2.19	0	0.28	42.53	碱	12.1
20C-	—	1.71	61.57	0	1.71	0	1.71	0	0.32	37.79	重	9.45
20C-	—	1.66	59.91	0	1.66	0	1.66	0	0	33.19	重	9.18
20C-	—	1.79	58.12	0	1.79	0	1.45	0.34	0	29.18	中	8.02
20C-	—	1.86	56.26	0.02	1.84	0	0.99	0.85	0	26.43	中	5.47
20C-	68.04	11.81	56.26	0.02	11.79	1.16	9.44	1.19	0.99	26.43	中	47.2

4.3　讨论

灌溉水通过含石膏的碱土土柱时，在土壤中发生了一系列的化学变化、物理变化和物理化学变化[16]。这些变化的信息就储存在滤液之中。滤液随时间变化由量变到质变的信息，也储存在按顺序排列的7份滤液之中。

4.3.1　石膏混合层的滤液变化规律

该土柱20cm，有68.04mmol的石膏与301g土充分混合之后，按容重1.4g/cm^{3}装入塑料管。灌水472mL，分7次接取滤液，每次50mL，共取滤液350mL，对其化验数据进行推理计算得出，见表4-7。

从7份滤液的变化可看出：第二份滤液与第三份滤液之间发生了质变。因此，可将滤液随时间的变化分成两个性质不同的阶段。

4.3.1.1　*石膏的溶解量*

前2份的石膏溶解量占滤液总溶解量的59.19%，后5份只占40.81%。

4.3.1.2 石膏的转化量

前2份转化量占滤液总转化量的76.62%，后5份只占23.38%。

4.3.1.3 石膏与交换性钠的作用量

前2份的作用量占87.86%，后5份只占12.14%，这是最重要的变化。从数量上看，前2份与后5份，是“虎头蛇尾”，发生明显的突变。同时在质的特征上发生反方向的变化。

4.3.1.4 石膏的转化量与渗透量的关系

前2份石膏的转化量全部大于石膏的渗透量，后5份的石膏渗透量全部大于转化量。

4.3.1.5 石膏同交换性钠作用量与石膏同交换性镁的关系

前2份石膏与交换性钠作用量都大于石膏与交换性镁的作用量；后5份情况是第2、第5、第7份石膏与交换性镁的作用量均大于石膏与交换性钠的作用量。

4.3.1.6 灌溉水量消耗

如果不包括渗吸阶段毛管水所消耗的部分水量，前2份是100mL，相当于灌水定额62m^3/亩；后5份是250mL，相当于灌水定额155m^3/亩。

4.3.1.7 渗水时间

前2份所消耗的时间为14.78h，后5份是32.99h。

从以上7个方面的变化，把7份滤液随时间的变化看作是量变到质变的过程，并且划分为两个发展阶段。

第一阶段（虎头阶段）：其最重要的特点是时间短、耗水少，但石膏溶解量大、转化量大、脱碱率高，是碱土快速改良阶段。虽有石膏渗漏，交换性镁的消耗是次要的，不起决定性作用（62m^3/亩的灌水，脱碱率55.99%）。

第二阶段（蛇尾阶段）：其特点是石膏的溶解量、转化量、交换钠脱除量突然降低；石膏的渗漏量突然超过转化量；交换性镁的脱除突然超过交换性钠的脱除。第二阶段是朝着第一阶段的反方向发展，既浪费了石膏，又浪费了灌溉水，更阻碍了碱土的改良过程（155m^3/亩的灌水，脱碱率为5.02%，是第一阶段的9%；渗漏量为6.72mmol，溶解量为11.06mmol，渗漏量是溶解量的60%）。该层有着3倍于额定的石膏施用量，均匀分布在20cm的土柱之中。当溶解后的石膏被土壤中大量的、可与石膏发生化学反应的反应物作用后，反应物不断地消失，石膏也不断地消耗。消耗后的石膏溶液变为不饱和状态后，固相石膏还能再溶解。只要土壤中还有反应物，还有石膏，还有下降水流，这种化学反应就可以一直进行下去。三者只要缺一，反应就会停下来。但反应可以一直延续下去，未必是经济的、合理的[17,18]。在实践中，只有用小定额灌水，才能保持和发挥第一阶段的土壤改良多、快、好、省的优势；如果采用大水量灌溉，必然快速进入第二阶段，改良效果不佳，还会浪费石膏、浪费水、浪费时间、浪费劳力[19]。

4.3.2 石膏非混合层的滤液变化规律

把 68.04mmol 的石膏撒在 20cm 土柱的表面，用 472mL 的灌溉水淋洗土柱，这时所得滤液的化学成分便发生了变化。碱土的改良主要是依靠地表水溶解供应所需石膏。石膏进入土壤与土壤中的碱性盐、包括交换性钠、交换性镁作用之后就消失了。其周围又无固态石膏，就无再溶解作用。滤液中找不到 $CaSO_4$ 存在，就证明石膏进入土柱经化学反应后已耗尽，故土柱下部和滤液中已无游离石膏。这种情况下，土壤改良处于石膏供不应求的状态。实际上滤液中计算的石膏溶解量，往往高于蒸馏水的溶解度（2g/L 或 29.38mmol/L），这可能是在灌水渗透中，土壤常以气泡的形式，向外排气[20]。排气后，水流补充其空间，也把粉状少量石膏带入土柱。因此，非石膏混合层的实际溶解量往往大于蒸馏水中的溶解度。即使如此，在石膏非混合层内，石膏还是供不应求。

总的来说，非石膏混合层靠上部地表水或石膏混合层渗漏损失来供应石膏，往往是供不应求。与石膏混合层供大于求的状态大不相同，其变化规律也更复杂一些。根据石膏的供求关系，即从石膏的供不应求到供大于求的变化，也可分为两个阶段。

4.3.2.1 第一阶段

第一阶段为石膏供不应求阶段。这一阶段的主要特征是：无石膏渗漏，也就是石膏进入土柱后，到滤液离开土柱之前，石膏已全部耗尽。从第 1 份到第 6 份滤液，都应属于第一阶段。由于进入土柱的液态石膏，不断消耗反应物，也不断在改良着土壤，又可分为三个分阶段。

（1）第一分段（P1）。

即第一份滤液。一开始，灌溉水来不及形成石膏饱和液，就迅速渗入土柱。由地表溶解很少量的石膏进入土柱，土柱仅仅把溶液中的0.27mmol Na_2CO_3 消除；而0.87mmol 的 $NaHCO_3$ 大部分消除了，还剩余0.01mmol保留在滤液中，说明此时溶液中的石膏液已耗尽。在石膏耗尽之后，0.18mmol 的 $Mg(HCO_3)_2$ 不但没有消失，反而增加到0.48mmol；$MgCO_3$ 在原土壤的水提取液中并不存在，现在新出现了0.42mmol；交换性钠、交换镁未发生丝毫变化。

$NaHCO_3$ 没有被石膏作用完，反映了地表水下渗水流中溶解的石膏不足。而 $Mg(HCO_3)_2$ 的增加和 $MgCO_3$ 的出现，可能是在 Na_2CO_3 消失后，溶液的pH值降低，进而引起处在固相难溶盐的 $MgCO_3$ 首先溶解，在溶液中出现了 $MgCO_3$、$Mg(HCO_3)_2$ 积累。$MgCO_3$、$Mg(HCO_3)_2$发生积累的原因，首先是石膏的供不应求；其次在交换性镁大量存在的情况下，$MgCO_3$、$Mg(HCO_3)_2$ 不能与交换性钠发生化学反应。

由于石膏已经消耗完，而若干反应尚未进行到底。其他 $MgCO_3$、$Mg(HCO_3)_2$、交换钠、交换镁都是可与石膏作用的反应物，都因石膏在滤液中已用完，而未能进行化学反应。

（2）第二分段（P2-P4）。

在原土中的 Na_2CO_3 已经消失之后又出现了；而 $NaHCO_3$ 在已经残留极少量的情况下又增加了。在上一分段，因 Na_2CO_3 消失，使pH值由9.25降为9.03，从而提高了固相 $MgCO_3$、$CaCO_3$ 的溶解度。固相 $CaCO_3$ 溶解之后，以 $CaCO_3$、$Ca(HCO_3)_2$ 两种形态存在于溶液之中。在石膏供不应求的情况下，发生下列两种化学反应[21-24]：

$$CaCO_3 + (\pm)\ 2Na \rightarrow (\pm)\ Ca + Na_2CO_3$$

$$Ca(HCO_3)_2 + (\pm)\ 2Na \rightarrow (\pm)\ Ca + 2NaHCO_3$$

这两个化学反应有利的一面是，消除了部分的交换钠，降低了碱化度；其不利的一面，又提高了溶液的pH值，由9.03升到9.09，又抑制了石灰的溶解。在这一分段，石膏的溶解量未见增加，但以溶液中反应物正在减少来判断，石膏在渗漏之前的作用造成了 Na_2CO_3、$NaHCO_3$、$MgCO_3$、$Mg(HCO_3)_2$ 的减少。在这个二分段中，最有趣之处在于：溶解后的石膏，全部都在脱除交换性钠之上，没有渗漏，不与交换性镁发生作用。

(3) 第三分段（P5-P6）。

该分段的特点，虽然在滤液中未见石膏，新产生的 Na_2CO_3、$NaHCO_3$ 又全部消失，石膏在模拟土柱中的作用显然加强了；另一特点是，$MgCO_3$、$Mg(HCO_3)_2$ 正在减少或消失，以及 $MgSO_4$ 的出现。这是 $MgSO_4$ 开始与 $MgCO_3$、$Mg(HCO_3)_2$ 交换性镁发生反应的结果，石膏的渗漏即将发生。

4.3.2.2 第二阶段（P7）

由于石膏作用自上而下的加强，溶液中的反应物 Na_2CO_3、$NaHCO_3$、$MgCO_3$、$Mg(HCO_3)_2$ 已全部消失。溶液中的 $CaSO_4$ 作为石膏渗漏量的标志开始出现，是浪费石膏的开始。如果仍有大量下降水流继续发生，石膏的渗漏量就会加大。石膏的损失，不可避免。

从总体看，第一阶段的石膏利用率是最高的。全部石膏主要与交换性钠发生作用，没有石膏渗漏，不与交换镁发生作用。进入第二阶段，石膏渗漏力加强，交换性镁争夺石膏的能力加强，该层改良过程即将完成。

4.3.2.3 *石膏混合层与非石膏混合层的结合*

石膏与碱土混合的优势是效果好、速度快，主要表现在第一阶段；其缺点是：石膏渗漏损失大，交换性镁争夺石膏能力强，特别是第二阶段。而非混合层，恰好弥补了混合层的缺点。在计划改良深度内，上有石膏混合层，下有非石膏混合层，是一种有机的结合。二者的结合之后，混合层中的渗漏量，进入非混合层内，就命名为石膏的溶解量。在石膏混合层中，渗漏量随时间的变化略有变化。这是因为渗漏量，受蒸馏水石膏溶解度控制，或受盐效应与同离子效应作用后的溶解度的控制，故渗漏量只是围绕着溶解度上下波动[25-27]。

对石膏混合层而言，渗漏是一种损失，即石膏的浪费。然而对非石膏混合层而言，石膏经常处于供不应求的状态，此乃是求之不得且唯一的石膏来源。把混合层中渗漏下来的石膏全部与交换性钠发生作用，而不与交换性镁发生反应，也没有丝毫渗漏。充分使石膏物尽其用，全部有效地脱除交换钠，以达到改良土壤的目的。

非石膏混合层，不仅解决了混合层渗漏损失，而且还调动了其他积极因素，以消除土壤的交换性钠[23]。在石膏供不应求的情况下，出现两种情况。石膏与 Na_2CO_3 作用，降低了 pH 值，增加了 $CaCO_3$ 的溶解量。发生下列反应：

$$CaCO_3 + (\pm)\ 2Na \rightarrow Na_2CO_3 + (\pm)\ Ca$$

$$Ca(HCO_3)_2 + (\pm)\ 2Na \rightarrow 2NaHCO_3 + (\pm)\ Ca$$

反应结束，降低了交换性钠，协助石膏在改良碱土中，助其一臂之力。其中不足的是，提高了 pH 值。但在 Na_2CO_3、$NaHCO_3$ 被淋洗之后，pH 值仍会降低。其二，石膏混合层中，石膏与 $Mg(HCO_3)_2$ 交换性镁作用后，形成大量的 $MgSO_4$。当下降水流进入非混合层之后，$MgSO_4$ 消失了，这是因为石膏供不应求，$MgSO_4$ 代替石膏，与交换钠发生作用：

$$MgSO_4 + (\pm)\ 2Na^+ \rightarrow Na_2SO_4 + (\pm)\ Mg^{2+}$$

但也可能：

$$MgSO_4 + (\pm)\ Ca^{2+} \rightarrow (\pm)\ Mg^{2+} + CaSO_4\text{，然后}$$

$$CaSO_4 + (\pm)\ 2Na^+ \rightarrow Na_2SO_4 + (\pm)\ Ca^{2+}$$

这里 $MgSO_4$ 在石膏不足条件下，代替石膏与交换性钠发生作用，协助 $CaSO_4$ 起到脱碱化作用。另外，混合层的 7 份滤液，总计脱除交换性钠的量为 11.53mmol；而前 2 份滤液，就脱掉交换性钠 10.13mmol；后 5 份滤液，仅脱除交换性钠 1.40mmol。非石膏混合层由 $CaSO_4$ 脱掉交换性钠为 9.44mmol，加上由 $CaCO_3$ 作用脱除的 0.99mmol，为 10.43mmol；若再加上混合层下渗的 5.88mmol 的 $MgSO_4$，代替石膏消除非混合层的交换钠，最终脱除交换性钠，为 16.01mmol。非混合层可随时分为两个阶段，但没有突变。石膏脱除交换性钠基本上变动在 0.99~2.19mmol，平均 1.34mmol。若以最后总脱除交换性钠看，平均每 50mL 脱除 2.3mmol，实际上不仅超出混合层的第二阶段交换钠脱出量，总量上也超出了。可见，混合层与非混合层结合更有利于快速脱除交换性钠，有效改良碱化土壤。

4.4 小结

关于石膏混合层与非混合层，在土壤改良过程中，各自具有不同量变到质变的规律，它为建立碱土改良的二元结构计划改良层并与小定额分次冲洗相结合灌溉奠定了理论基础。碱土改良过程中石膏渗漏损失最高可达到石膏施入量的40%以上，而改良结果碱土只转化为重碱化土。在石膏混合层内，它是一种不可避免的、稳定存在的且直接破坏土壤改良进程逆流。因此解决石膏渗漏问题亦是在本研究工作中的重要发现；配制二元结构改良碱土中，正需要石膏混合层中大量石膏渗漏，以改良非石膏混合层，并使整个计划改良深度内的渗漏损失降为零。

参考文献

[1] 杜敏娟．脱硫石膏改良土壤的研究进展［C］//中国建筑材料联合会石膏建材分会、《石膏建材》编辑部．2012中国建筑材料联合会石膏建材分会第三届年会暨第七届全国石膏技术交流大会及展览会论文集，2012：159-162.

[2] 赵瑞．煤烟脱硫副产物改良碱化土壤研究［D］．北京：北京林业大学，2006.

[3] 阿斯古丽·阿吾提，祁通，刘国宏，等．脱硫石膏改良碱化土壤施用技术规程［J］．农业科技通讯，2019（10）：204-205.

[4] HOFINAN G. J.，PBENE C. J. Efect of constant salinity levels on water use efficiency of bean and cotton［J］. Trans.Am.Sec. Agriculture Eng.，1971，14：1103-1106.

[5] 张俊华，孙兆军，贾科利，等．燃煤烟气脱硫废弃物及专用改良剂改良龟裂碱土的效果［J］．西北农业学报，2009，18（5）：208-212.

[6] 秦萍，肖国举，罗成科，等．燃煤电厂脱硫石膏改良碱化

土壤种植甜高粱的施用量研究 [J]. 现代农业科学，2008 (12)：32-35.

[7] 秦萍，张俊华，孙兆军，等．土壤结构改良剂对重度碱化盐土的改良效果 [J]. 土壤通报，2019，50 (2)：414-421.

[8] YANG C W，SHI D C，WANG D L. Comparative effects of salt and alkali stresses on growth，osmotic adjustment and ionic balance of an alkali - resistant halophyte *Suaeda glauca* (Bge.) [J]. Plant Growth Regulation，2008，56 (2)：179-190.

[9] 肖国举，罗成科，张峰举，等．燃煤电厂脱硫石膏改良碱化土壤的施用量 [J]. 环境科学研究，2010，23 (6)：762-767.

[10] 隽伟超，张松林，段凯祥，等．酒泉市边湾农场盐碱化土壤的脱硫石膏改良机理研究 [J]. 湖北农业科学，2019，58 (1)：49-52，78.

[11] 石懿，杨培岭，张建国，等．利用 SAR 和 pH 分析脱硫石膏改良碱（化）土壤的机理 [J]. 灌溉排水学报，2005 (4)：5-10.

[12] 黄晓明．脱硫石膏对碱化土壤改良的研究 [D]. 天津：天津科技大学，2009.

[13] 王金满，杨培岭，张建国，等．脱硫石膏改良碱化土壤过程中的向日葵苗期盐响应研究 [J]. 农业工程学报，2005 (9)：33-37.

[14] 李琛．脱硫石膏土地化利用研究进展 [J]. 四川化工，2010，13 (6)：21-24.

[15] 肖国举，罗成科，张峰举，等．脱硫石膏施用时期和深度对改良碱化土壤效果的影响 [J]. 干旱地区农业研究，2009，27 (6)：197-203.

[16] QADIR M，SCHUBERT S，GHAFOOR A，et al. Amelioration strategies for sodic soils：a review [J]. Land Degradation &

Development, 2001, 12 (4): 357-386.

[17] 崔媛, 张强, 王斌, 等. 施加脱硫石膏对苏打盐化土不同层次主要离子的影响 [J]. 山西农业科学, 2016, 44 (1): 48-52.

[18] 王英男, 张伟华. 煤烟脱硫石膏改良碱化土壤离子变化研究 [J]. 黑龙江农业科学, 2014 (3): 44-47.

[19] 张峰举, 肖国举, 罗成科, 等. 脱硫石膏对次生碱化盐土的改良效果 [J]. 河南农业科学, 2010 (2): 49-53.

[20] LOWVERSE W, et al. A mobile laboratory for measuring pbotosyntbesis respiration and transpiration of field crops [J]. Pbotosyntbetica, 1975, 8 (3): 201-213.

[21] WRIGHT R J, CODLING E E, STUCZYNSKI T, et al.Influence of soil-applied coal combustion by-products on growth and elemental composition of annual ryegrass [J]. Environmental Geochemistry and Health, 1998, 20 (1): 10-18.

[22] 其力格尔. 脱硫石膏改良碱土 5 年后土壤特征性状和植被恢复性状研究 [D]. 呼和浩特: 内蒙古农业大学, 2012.

[23] 华玉梅, 梁学煜. 脱硫石膏改良碱化土壤对 EC 值的影响分析 [J]. 黑龙江科技信息, 2015, (30): 126.

[24] 李小牛. 盐碱地秸秆覆盖对向日葵生长发育及产量的影响 [J]. 山西水土保持科技, 2015 (4): 13-14.

[25] JACOBY B. Function of bean roots and stems in sodium retention [J]. Plant Physiol, 1964, 39: 445-449.

[26] 王嘉航, 杨培岭, 任树梅, 等. 脱硫石膏配合淋洗改良碱化土壤对土壤盐分分布及作物生长的影响 [J]. 中国农业大学学报, 2017, 22 (9): 123-132.

[27] 张峰举, 许兴, 肖国举. 脱硫石膏对碱化土壤团聚体特征的影响 [J]. 干旱地区农业研究, 2013, 31 (6): 108-114.

5 纯石膏与脱硫石膏改良碱化土壤效果比较

在研究开始阶段，为了理论研究方便，在室内进行模拟试验，同时又不受其他化学因素的影响，研究中采用化学纯硬石膏进行碱土改良试验。当取得重要理论成果之后，需要了解纯石膏和脱硫石膏在改良碱土过程中是否具有相似的变化规律，以及差异性。

5.1 试验方法

本研究设计了 C_{40}和 G_{40}两个对比试验。C 代表施用的是纯石膏，G 代表施用的煤烟脱硫石膏，C_{40} 和 G_{40} 为 0~40cm 土柱，其中 0~10cm 为纯石膏和煤烟脱硫石膏。

5.1.1 各土层标准土样盐分组成（表 5-1）

表 5-1 三种不同土层盐分组成 (mmol)

土层深度	$Ca(HCO_3)_2$	$CaSO_4$	$Mg(HCO_3)_2$	$MgSO_4$	$NaHCO_3$	Na_2CO_3	Na_2SO_4	NaCl
0~10cm	0.03	0	0.10	0	0.37	0.20	0.86	2.58
0~20cm	0.07	0	0.20	0	0.73	0.40	1.73	5.16
0~30cm	0.12	0	0.40	0	1.48	0.80	3.44	10.32

5.1.2 土壤改良参数

（1）计划改良层的深度和结构。

0~40cm 为计划改良层；0~10cm 为石膏混合层；10~40cm 为非

石膏混合层。

（2）石膏及脱硫石膏施用量计算。

根据标准土样的测定数据，将 0~40cm 土样中所含碱性盐的总量［$NaHCO_3$、Na_2CO_3、$Mg(HCO_3)_2$］及交换性 Na、Mg 的量的总和记为能消耗 $CaSO_4$ 对应的量，经计算改良 0~40cm 碱土共需 40.11mmol（2.7275g）石膏，换算成 $CaSO_4 \cdot 2H_2O$ 为 3.4714g，脱硫石膏为 4.660g[1-3]。

（3）灌水量及方法确定。

以前我们对纯石膏的研究发现，如果灌水量很大，势必有相当水量得不到充分利用，而且会使地下水位上升，如果灌水量太小则起不到洗盐脱碱的目的[4,5]。综合分析，我们将灌水量定为每次 80mL，即 47.30m^3/亩，分四个连续 20mL 滤液测定；根据所测定标准土样最大吸湿水为 3.77%，田间持水量（0~10cm）为 33.39g/100g 土，（0~20cm）为 31.84g/100g 土，（0~40cm）为 30.18g/100g 土，计算确定每次合理灌水量。

灌水量=M_1+M_2，M_1 为达到田间持水量土柱所需水量，M_2 为保证洗盐脱碱，所确定滤液的体积。不同的土柱 M_1 是不同的，M_2 是相同的。

（4）土柱深度。

土柱高程设计为 10cm、20cm、40cm，由于 0~10cm 为模仿田间改良剂混合层，自然装填，因加入改良剂，实际高度为 12cm、22cm、42cm，加下画线表示。

（5）渗吸时间和渗透时间。

渗吸时间指开始灌水到滤液开始滴出的时间，渗透时间指每次滤液开始下滴到滤液刚达到一定的收集量时的时间。

（6）通量和流量。

通量和流量都是一定时间内的平均值[6]；通量指每小时下渗水的路程，单位是 cm/h；流量指每小时横截面通过的滤液体积，单位是 mL/h。

5.2 结果与分析

我们以前在石膏改良碱土方面作了一些试验，通过分析总结了一些规律，尤其是赵锦慧[7]、赵瑞[8]在纯石膏改良模拟试验做了大量的工作，得出了一些成功的经验并发现了其中的不足之处，以期指导以后的工作，笔者的任务是用煤烟脱硫石膏（主要成分为硫酸钙）改良碱土，但问题摆在面前，以前用纯石膏改良碱土的经验是否能应用于石膏，它们之间有什么相同和不同之处，石膏与纯石膏相比较有何优势和劣势，这是首要解决的问题。

鉴于赵锦慧、赵瑞的计划，0~60cm 改良层的改良过程中发现：① 石膏施用量太大，最高高达 342 460kg/亩；② 改良难度随深度增加而加大。要多消耗水，要多延长时间。即使变为 40cm 改良层，运用得当，也可达 50cm，如果结合生物改良，亦可在 2~3 年内达 60cm。这次我们计划改良层定为 0~40cm。

均匀装填 C_{40}、G_{40}两组土柱，各两个平行；0~10cm 为石膏和石膏混合层，模仿自然田间状态装填，10~40cm 为非混合层，按容重 1.4g/cm^3 装填。为了提高土柱内的化学及物理化学的反应速度，采用了分次灌水的办法，每次相隔 24h，计划收集滤液均为 80mL，玻璃用塑料胶纸封口，防止蒸发；第一次灌水量包括田间持水量、土壤最大吸湿水、计划收集滤液；每次滤液收集完，马上测定，观察碱化度的变化，如果 0~40cm 土柱接近或达到轻度碱化则停止灌水；前后共灌水 4 次。

5.2.1 淋洗过程中物理变化的比较

C_{40}和 G_{40}在灌水总量相同的情况下（表 5-2），G_{40}的田间持水量为 201.20mL，比 C_{40}的田间持水量 200.76mL 多了 0.56mL；C_{40}和 G_{40}的相应田间持水容量分别是 44.49%和 44.59%，改良过程中 G_{40}蒸发损失 14.72mL，比 C_{40}的 28.78mL 少损失 14.06mL。C_{40}的蒸发损失变化不大，为 6.40~7.88mL，G_{40}的蒸发损失由开始的 7.72mL 降至 2.00mL。

表 5-2 C_{40}和 G_{40}各物理参数的变化

处理编号	分次灌水总量（mL）	每次截取滤液（mL）	田间持水量（mL）	田间持水量（%）	蒸发损失量（mL）
C_{40-1}	312	79.50		44.49	7.88
C_{40-2}	85	78.60		44.49	6.40
C_{40-3}	85	77.70		44.49	7.30
C_{40-4}	85	77.80		44.49	7.20
C_{40-T}	567	313.88	200.76	44.49	28.78
G_{40-1}	312	79		44.49	7.72
G_{40-2}	82	79		44.49	3.00
G_{40-3}	82	80		44.49	2.00
G_{40-4}	82	80		44.49	2.00
G_{40-T}	558	318	201.20	44.49	14.72

从 4 次灌水的情况来看，无论纯石膏还是石膏施用的土柱，各物理参数及数值的变化较接近（表 5-3）。

（1）灌水总量分别为 567mL 和 558mL，相当于 335.27m³/亩和 329.95m³/亩。

（2）分次灌水量分别为 312mL、85mL、85mL、85mL 和 312mL、82mL、82mL、82mL，相当于 184.49m³/亩、50.26m³/亩、50.26m³/亩、50.26m³/亩和 184.49m³/亩、48.49m³/亩、48.49m³/亩、48.49m³/亩。

（3）由于蒸发损失，滤液实际收集量比计划收集量 80mL 少，损失量均小于 5%，为计算方便可忽略，仍按 80mL 计算。

（4）田间持水量为 200.76mL 和 201.20mL。

（5）渗透时间分别为 8.42h、7.63h，水分在石膏处理的土柱中下渗较快；渗吸时间变化较接近，从 4.07～2.81mL/h 和 4.10～2.96mL/h，开始灌水到田间持水量后，水的渗透开始逐渐减慢。

（6）通量和流量均随着水势的减小而自然减少，土壤通透性增强。

表 5-3 C_{40}和 G_{40}改良过程中的物理变化

处理编号	渗吸时间 (h)	渗透时间 (h)	流量 (mL/h)	通量 (cm/h)
C_{40-1}	8.42	19.64	4.07	0.36
C_{40-2}	0	25.35	3.16	0.28
C_{40-3}	0	28.32	2.82	0.25
C_{40-4}	0	28.46	2.81	0.25
C_{40-T}	8.42	101.77	3.14	0.28
G_{40-1}	7.63	19.49	4.10	0.36
G_{40-2}	0	23.77	3.37	0.30
G_{40-3}	0	26.99	2.96	0.26
G_{40-4}	0	20.39	3.93	0.35
G_{40-T}	7.63	90.64	3.59	0.32

经过石膏和纯石膏改良过的土柱，土壤的物理性质均得到明显改善：土壤结构和水分物理性状在改良过程中变好，体现在滤液在土柱中运动时，渗透时间变化的规律性，流量和通量变化的相似性。

但脱硫石膏处理的土柱与纯石膏处理的土柱又有些差异[9-11]，在灌水的同时，石膏在水的作用下，其中的硫酸钙溶解并和碱性盐及交换性钠反应，消除了部分对土壤物理性状影响不良的化学因素[12]，而且由于石膏的一部分是钙饱和的黏土矿物，其本身具有交换性，对土壤也起改良作用，这两方面共同作用使得经脱硫石膏改良的土柱相对于施用纯石膏的土柱[13]，各物理性状较好。

(1) 开始灌水时，G_{40}的渗吸、渗透时间、流量和通量比 C_{40}小，说明 G_{40}透水性较强。

(2) G_{40}的田间持水量大于 C_{40}，改良后，G_{40}的保水能力较好。

5.2.2 淋洗过程中化学变化的比较

(1) 土柱离子的变化。

在水分淋洗作用下，由于石膏和改良剂的溶解，SO_4^{2-}、Ca^{2+}、Mg^{2+}离子增加，随着很快进入土壤胶体与交换性钠反应，钠离子随着盐分的脱除而被淋洗[14-16]。两土柱中各离子变化的相关性为：SO_4^{2-}

99.94%，Ca^{2+} 84.26%，Mg^{2+} 99.21%，Na^{+}99.93%（表5-4）。

表5-4 C_{40}和G_{40}每80mL滤液的离子变化 （mmol/kg）

处理编号	pH值	全盐量	CO_3^{2-}	HCO_3^-	SO_4^{2-}	Cl^-	Ca^{2+}	Mg^{2+}	Na^++K^+
BT_{40}	9.25	16.56	0.80	2.00	3.46	10.31	0.13	0.04	16.04
C_{40-1}	8.25	24.72	0	0.66	14.74	10.12	0.69	1.89	22.14
C_{40-2}	7.98	4.51	0	0.48	3.99	0.04	0.42	0.29	3.60
C_{40-3}	8.25	3.65	0	0.50	3.11	0.04	0.06	0.10	3.49
C_{40-4}	8.20	3.72	0	0.51	3.14	0.05	0.05	0.06	3.56
G_{40-1}	8.30	26.52	0	0.72	15.69	10.11	0.68	2.38	23.46
G_{40-2}	8.29	4.45	0	0.60	3.81	0.04	0.06	0.07	4.29
G_{40-3}	8.21	4.27	0	0.70	3.38	0.04	0.04	0.11	4.12
G_{40-4}	8.24	3.57	0	0.36	3.16	0.05	0.05	0.09	3.43

（2）土柱中盐分的变化。

随着水分的运动，石膏的溶解、反应，盐分的淋洗，两土柱中NaCl分别淋洗了98.16%和99.32%，Na_2SO_4、$MgSO_4$、NaCl的变化相关性分别为95.67%、99.83%、99.96%（表5-5）。

表5-5 C_{40}和G_{40}每80mL滤液盐分的变化 （mmol）

处理编号	$Ca(HCO_3)_2$	$CaSO_4$	$Mg(HCO_3)_2$	$MgSO_4$	$NaHCO_3$	Na_2CO_3	Na_2SO_4	NaCl
BT_{40}	0.13	0	0.40	0	1.47	0.80	3.46	10.31
C_{40-1}	0.14	0.44	0	1.66	0	0	6.74	9.75
C_{40-2}	0.08	0	0.06	0.10	0	0	2.86	0.30
C_{40-3}	0.02	0	0.04	0	0	0.12	1.18	0.04
C_{40-4}	0.01	0	0.03	0	0	0.16	0.96	0.03
G_{40-1}	0.30	0.40	0.16	2.22	0.26	0	22.56	10.11
G_{40-2}	0.06	0	0.07	0	0.47	0	3.81	0.04
G_{40-3}	0.04	0	0.11	0	0.57	0	3.38	0.04
G_{40-4}	0.05	0	0.09	0	0.22	0	3.16	0.05

每次接取滤液后，马上测定、分析、判断碱化度的变化，经过4次灌水后，两土柱的碱化度均接近非碱化，然后停止灌水。

从表中可以看出，四次灌水后，G_{40}和C_{40}最终碱化度分别为12.54%、14.50%，均达到轻度碱化，而且接近非碱化，G_{40}碱化度略低于C_{40}，即G_{40}改良效果好于C_{40}。碱化度变化的相关性为99.56%。G_{40}和C_{40}的脱碱率分别为78.06%、70.95%，G_{40}的脱碱率较大，脱碱率变化的相关性为98.43%（表5-6）。

表5-6　C_{40}每80mL滤液化学参量的变化　　(mmol,%)

处理编号	溶解量 溶解率	残余量 残余率	渗漏量 渗漏率	转化量 转化率	石膏与碱性盐 作用量作用率	石膏与交换钠 作用量作用率	石膏与交换镁 作用量作用率	碱化度	脱碱率
C_{40-1}	10.48	29.63	0.44	10.04	2.67	5.95 0.28	1.36	36.96	25.55
	26.09	73.88	1.10	25.03	6.66	14.98 0.70	3.39		
C_{40-2}	3.99	25.64	0.46	3.53	0	3.31 0.83	0.22	28.76	16.87
	9.95	63.93	1.15	8.81	0	8.26 0.57	0.17		
C_{40-3}	3.11	19.47	0	3.11	0	3.11 0.34	0.10	21.57	14.02
	7.75	56.18	0	7.75	0	7.75 0.85	5.98		
C_{40-4}	3.14	16.35	0	3.14	0	3.14 0.37	0.09	14.50	14.51
	7.83	48.35	0	7.83	0	7.83 0.12	2.22		
C_{40-T}	20.72	16.35	0.90	19.82	2.67	15.51 1.82	1.58	14.50	70.95
	51.62	48.35	2.25	49.42	6.66	38.82 4.54	3.94		

石膏开始溶解，分为两个部分：溶解量和残余量；溶解的石膏又分为转化部分和渗漏部分；转化的石膏一部分和碱性盐发生反应，另一部分和交换性钠、镁作用[17]；当碱性盐全部和石膏反应完全后，石膏的溶解部分几乎全部作用于交换性钠、镁，从而引起最终碱化度的下降[18]。

G_{40}和C_{40}的改良最终石膏溶解量分别为22.58mmol、20.72mmol，G_{40}比C_{40}多溶解1 86mmol；G_{40}和C_{40}随着4次灌水溶解量均递减，其变化的相关性为99.81%。G_{40}和C_{40}的最终渗漏量分别为0.40mmol、0.90mmol，C_{40}的渗漏是G_{40}的2.25倍（表5-7）。

表 5-7 G_{40}每 80mL 滤液浓度的变化 (mmol,%)

处理编号	溶解量 溶解率	残余量 残余率	渗漏量 渗漏率	转化量 转化率	石膏与碱性盐 作用量作用率	石膏与交换钠 作用量作用率		石膏与交换镁 作用量作用率	碱化度	脱碱率
G_{40-1}	12.23	27.88	0.40	11.83	2.67	7.34	0.26	1.82	33.70	30.88
	30.49	69.51	1.00	29.49	6.66	27.62	0.65	4.03		
G_{40-2}	3.81	24.07	0	3.81	0	3.81	0.47	0.08	25.16	17.39
	8.90	60.01	0	8.90	0	9.50	1.16	0.17		
G_{40-3}	3.38	20.69	0	3.38	0	3.38	0.57	0.11	17.33	16.05
	7.23	51.58	0	7.23	0	7.23	1.41	0.26		
G_{40-4}	3.16	17.53	0	3.16	0	3.16	0.22	0.09	12.54	13.74
	7.88	39.48	0	7.88	0	7.88	0.46	0.22		
G_{40-T}	2.58	17.53	0.40	22.18	2.67	17.69	1.52	1.82	12.54	78.06
	54.50	39.48	1.00	53.50	6.66	52.23	3.68	4.03		

第一次灌水中，G_{40}和 C_{40}的碱性盐全部消失，第二次灌水时 C_{40-2}溶解的石膏还有 0.22mmol 的量作用于交换性镁，而 G_{40}在第一次灌水后，溶解量几乎全部作用于交换性钠，G_{40}和 C_{40}最终与交换性钠反应量分别为 17.69mmol（反应率 52.23%）、15.51mmol（反应率 38.82%）；与交换性镁反应量分别是 1.82mmol（反应率 4.03%）、1.58mmol（反应率 3.94%），二者与交换性钠、镁作用量变化的相关性为 99.63%，交换性钠与交换性镁反应量 98.73%。

由于碱性盐的消失，pH 值的降低，土壤中碳酸钙的溶解度因此升高，游离的钙离子有机会进入土壤胶体，将胶体上的钠、镁离子相应地脱除一部分（下画线），从而引起碱化度的非石膏直接作用下的降低，G_{40}和 C_{40}相应的作用量为：钠 1.52mmol（反应率 3.68%）、1.82mmol（反应率 4.54%）；镁 0.28mmol（反应率 0.70%）、0.39mmol（反应率 0.97%）。

5.3 小结

从 4 次间隔灌水改良效果来看，物理性质如渗吸、渗透时间和通量、流量的变化在纯石膏和石膏处理的两土柱中基本一致[19,20]；化学性质如碱化度最终均达到轻度碱化，而且接近非碱化，相关参量的相关性均在90%以上，说明在纯石膏和石膏改良碱土机理一致的情况下，改良过程及效果基本一致，石膏可以沿用纯石膏的经验和理论[20]。

此外，石膏施用的土柱 G_{40} 与石膏施用的土柱 C_{40} 对比有一些差异。

（1）G_{40}的保水性、通透性较好，表现在田间持水量、通量和流量 G_{40}大于 C_{40}，渗吸时间、渗透时间 G_{40}小于 C_{40}。

（2）G_{40}化学改良效果较好，最终表现在灌水结束时碱化度 G_{40}为12.54%，比 C_{40}的14.50%少1.96%，同时总脱碱率 G_{40}为78.06%，C_{40}仅为70.95%。

参考文献

[1] 周黎明，王海霞，曹恒，等．磷石膏改良盐碱棉田应用效果［J］．农村科技，2017（11）：21-22.

[2] LIU M X，YANG J S，LI X M，et al. Numerical Simulation of Soil Water Dynamics in a Drip Irrigated Cotton Field Under Plastic Mulch［J］. Pedosphere，2013，23（5）：620-635.

[3] 田长彦，买文选，赵振勇．新疆干旱区盐碱地生态治理关键技术研究［J］．生态学报，2016，36（22）：7064-7068.

[4] 金梁．对石膏改良碱化土壤过程中发生的化学过程和物理过程的研究［D］．呼和浩特：内蒙古农业大学，2003.

[5] 代典，余学军，潘志权．浮选-化学法联用处理磷石膏制备高纯石膏［J］．非金属矿，2020，43（1）：44-48.

[6] 王永清．碱化土壤上磷石膏的施用效果［J］．土壤通报，1999（2）：4-5.

[7] 赵锦慧，李杨，乌力更，等．石膏改良碱化土壤的效果（Ⅱ）——石膏与土上部20cm混匀的土柱系列［J］．长江大学学报（自科版），2006（2）：119-122，99.

[8] 赵瑞. 煤烟脱硫副产物改良碱化土壤研究 [D]. 北京：北京林业大学，2006.

[9] 王相平，杨劲松，张胜江，等. 石膏和腐植酸配施对干旱盐碱区土壤改良及棉花生长影响 [J/OL]. 土壤：1-6 [2020-05-30]. https：//doi. org/10. 13758/j.cnki.tr.2020.02.015.

[10] KANDELOUS，MAZIAR M，SIMUNEK，et al. Soil Water Content Distributions between Two Emitters of a Subsurface Drip Irrigation System [J]. Soil Science Society of America Journal，2011，75 (2)：488-497.

[11] Weatherford L P，Sistani N，Penny M. The Association between Children′s Preference for Added Sugar in Tea and Their Body Mass Index [J]. Journal of the Academy of Nutrition and Dietetics，2015，115 (9)：A83.

[12] 周阳. 脱硫石膏与腐植酸改良盐碱土效果研究 [D]. 呼和浩特：内蒙古农业大学，2016.

[13] 屈晓蕾，陈永伟. 脱硫废弃物改良盐碱地对土壤性质的影响 [J]. 宁夏农林科技，2014，55 (7)：49-51.

[14] LIANG Y C，YANG C ，SHI H H. Effects of silicon on growth and mineral composition of barley grown under toxic levels of aluminum [J]. Journal of Plant Nutrition，2001，24 (2)：229-243.

[15] 张伶波，陈广锋，田晓红，等. 盐碱土石膏与有机物料组合对作物产量与籽粒养分含量的影响 [J]. 中国农学通报，2017，33 (12)：12-17.

[16] 王晓洋，陈效民，李孝良，等. 不同改良剂与石膏配施对滨海盐渍土的改良效果研究 [J]. 水土保持通报，2012，32 (3)：128-132.

[17] 罗小东，王全九，谭帅. 基于土壤钠离子含量的不同施用量石膏改良剂的改良效果 [J]. 干旱地区农业研究，2016，34 (1)：288-292.

[18] 李茜，孙兆军，秦萍，等．燃煤烟气脱硫废弃物和糠醛渣对盐碱土的改良效应［J］．干旱地区农业研究，2008（4）：70-73.
[19] 李跃进，乌力更，芦永兴，等．燃煤烟气脱硫副产物改良碱化土壤田间试验研究［J］．华北农学报，2004（S1）：10-15.
[20] 王斌，马兴旺，单娜娜，等．新疆盐碱地土壤改良剂的选择与应用［J］．干旱区资源与环境，2014，28（7）：111-115.
[21] 杜三艳．脱硫石膏改良滨海盐碱土的应用效果及环境风险研究［D］．上海：上海应用技术大学，2017.

6 烟气脱硫石膏改良碱土冲洗定额的确定

脱硫石膏改良盐碱土壤的过程，是一个极其复杂的物理、化学和物理化学过程[1,2]。这个过程只有依赖于土壤下降水流的密切配合，才能顺利地完成。水既是石膏的溶剂，又是石膏同其他反应物进行化学反应和物理化学反应的介质[3]。

石膏在盐碱土中的化学反应，是在开放系统中进行的。其化学反应的生成物，在下降水流的作用下不断自上而下的转移，其反应才能不断地进行，石膏改良盐碱土才能达到预期的目的[5-7]。所以下降水流又是脱盐过程和脱碱化过程的载体。

在干旱和半干旱地区，乃至半湿润地区，因降水量不足，在非灌溉条件下进行石膏改良碱化土，效果很差[4,8]。据安琪波夫·卡拉塔耶夫的资料，苏联的半干旱、干旱草原栗钙土区的盐碱土，施用石膏后，在非灌溉条件下，其改良过程需延长到 10~20 年；黑钙土带需 5~6 年。因此，在干旱、半干旱、半湿润地区，利用石膏改良碱土，最好能够配合灌溉，以期在几天到十几天内即可达到预期的改良目标[9]。

灌水太少石膏不能充分溶解，达不到改良的目的；灌水量太大降低灌水效率，加大石膏渗漏损失，阻滞了改良过程，也达不到改良目的[10-14]。在地下水位较高的地区，将会引起地下水位升高，引起返盐返碱，致使改良效果前功尽弃[15]。在冲击平原和山前交接洼地地区，又未建立排水系统的条件下，灌水的定额，必须以不引起地下水升高为前提，即使降低改良标准也在所不惜[16-18]。

前面的研究表明，石膏改良碱土的最佳计划改良层结构是，上有石膏混合层，下有非石膏混合层组成二元结构，互相取长补短，改良效果最佳。因此本试验只对 60-B 处理（0~20cm 为石膏混合层，20~60cm 为石膏非混合层）进行灌水定额试验，目的是确定最佳灌水定额。

6.1 材料与方法

取样与前述相同，60cm 模拟土柱中装填 903g 土样，其盐分和交换性盐基见表 6-1。

0~20cm 为石膏混合层，20~60cm 为石膏非混合层。石膏施用量，按 60cm 计划改良层计算，为 68.04mmol，灌水量设三个处理二次重复。

（1）828mL（相当于 513.2t/亩）

（2）1278mL（相当于 790.75t/亩）

（3）1736mL（相当于 1073.03t/亩）

表 6-1　60cm 土柱的各种盐分含量　（mmol）

全盐量	$Ca(HCO_3)_2$	$Mg(HCO_3)_2$	$NaHCO_3$	Na_2CO_3	Na_2SO_4	NaCl	交换性 Ca	交换性 Mg	交换性 Na	交换量
33.68	0.36	0.54	2.62	2.17	13.45	14.63	36.48	17.52	54.27	108.27

6.2 试验结果与分析

6.2.1 试验数据

灌水后对滤液进行化验，所得数据见表 6-2 和表 6-3。

表 6-2　各处理滤液中离子含量　（mmol）

处理代号	pH 值	全盐量	CO_3^{2-}	HCO_3^-	SO_4^{2-}	Cl^-	Ca^{2+}	Mg^{2+}	K^++Na^+
60-B-a	8.93	57.13	3.73	4.86	38.35	10.19	1.56	4.61	50.96
60-B-b	7.95	75.00	2.89	5.34	55.07	11.70	6.56	13.88	54.56
60-B-c	7.68	79.76	3.06	5.52	58.90	12.28	12.51	15.69	51.56

表 6-3 各处理液中关于石膏的化学参数 (mmol,%)

处理代号	溶解量 溶解率	残留量 残留率	渗漏量 渗漏率	转化量 转化率	与交换性镁作用量 作用率	与交换性钠作用量 作用率	与碱性盐作用率	作用后土壤碱化度
60-B-a	24.94	43.10	0	24.94	5.34	20.13	0	31.53
	36.68	63.32	0	36.68	7.85	29.59	0	
60-B-b	41.66	26.38	0	41.66	5.34	24.64	11.67	22.76
	61.23	38.77	0	61.23	7.85	36.21	17.15	
60-B-c	45.49	22.55	3.93	41.56	5.34	21.06	15.15	30.66
	66.86	33.14	5.78	61.08	7.85	30.95	22.27	

6.2.2 流量和通量变化

根据表 6-4 的试验数据，可以得到图 6-1。

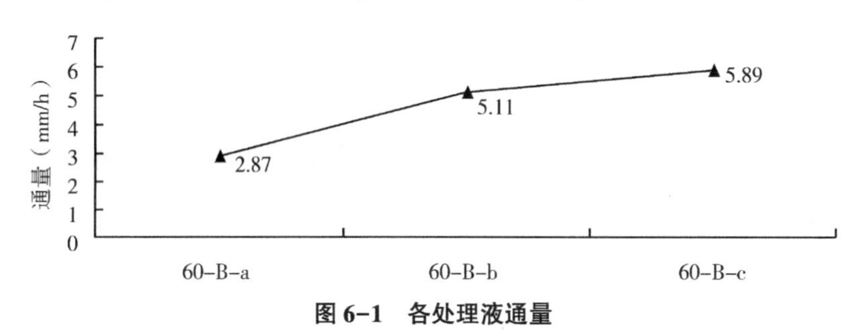

图 6-1 各处理液通量

由图 6-1 可以看出，随着灌水量的增加，模拟土柱的渗透量逐渐增大，但趋势明显变缓。

6.2.3 石膏改良土壤的物理参量变化（表 6-4）

表 6-4 处理滤液物理参量的变化

处理代号	滤液渗出始末时间（h）	渗出液体积（mL）	通量（mm/h）
60-B-a	16.75	518	2.87
60-B-b	17.68	971.3	5.11
60-B-c	21.59	1 369.5	5.89

6.2.4 石膏的溶解量及溶解率

从表 6-3 可以看出：60-B-a 处理石膏溶解量为 24.94mmol，占施入量的 36.68%；60-B-a 处理石膏溶解量为 41.66mmol，占施入量的 61.23%；60-B-c 处理石膏溶解量为 45.49mmol，占施入量的 66.86%。说明灌水量越多，石膏的溶解量越大。

6.2.5 石膏的残留量

60-B-a 处理残留量为 43.10mmol，占施入量的 63.32%；60-B-b 处理残留量为 26.38mmol，占施入量的 38.77%；60-B-c 处理残留量为 22.55mmol，占施入量的 33.14%。数据表明，石膏的残留量与灌水量呈反比，灌水量越多，残留量越少。

6.2.6 石膏的渗漏损失量

60-B-a 处理和 60-B-b 处理无渗漏损失，60-B-c 处理石膏的渗漏量为 3.93%，占石膏施入量的 5.78%，数据表明：当灌溉水达到一定量时石膏的渗漏量与灌水量呈正比，灌水量越多渗漏量越大。

6.2.7 石膏的转化量

60-B-a 处理石膏转化量为 24.94mmol，占施入量的 36.68%，占溶解量的 100%；60-B-b 处理石膏转化量为 41.66mmol，占施入量的 61.23%，占溶解量的 100%；60-B-c 处理石膏转化量为 41.56mmol，占施入量的 61.08%，占溶解量的 91.36%。以上数据表明，b 处理的石膏转化量最大，灌水量过大或过小都会影响石膏的转化量从而影响改良效果。因此，可以确定灌溉水总量以 800t/亩适宜。

6.3 石膏与交换性钠、交换性镁及碱性盐的作用

6.3.1 交换性钠消耗的石膏量

从交换性钠消耗的石膏数量看（表 6-3）：60-B-a 处理的消耗

量为 20.13mmol，60-B-b 处理的消耗量为 24.64mmol，60-B-c 处理的消耗量为 21.06mmol。淋洗后土壤的碱化度为：60-B-a 处理为 31.53%；60-B-b 处理为 22.76%；60-B-c 处理为 30.69%。显然，只有在灌水量适中时石膏与交换性钠作用较强，改良效果才比较好。

6.3.2 交换性镁及碱性盐消耗的石膏量

在碱性盐上，三种处理消耗的石膏量相同，均为 5.34mmol。对交换性镁来说，60-B-a 处理的消耗量为 0，60-B-b 处理的消耗量为 11.67mmol，60-B-c 处理的消耗量为 15.15mmol。各种处理基本上是随灌水量的增加交换性镁消耗石膏的量也增加。

6.4 小结

灌溉水总量以 800t/亩为宜。只有在灌水量适中时石膏与交换性钠作用较强，改良效果才比较好。

参考文献

[1] 贺坤，李小平，徐晨，等. 烟气脱硫石膏对滨海盐渍土的改良效果 [J]. 环境科学研究，2018，31（3）：547-554.

[2] JUN L，JIAN L. A probability distribution detection based hybrid ensemble QOS prediction approach [J]. Information Sciences，2020，519：289-305.

[3] 赵瑞. 煤烟脱硫副产物改良碱化土壤研究 [D]. 北京：北京林业大学，2006.

[4] 王静，许兴，肖国举，等. 脱硫石膏改良宁夏典型龟裂碱土效果及其安全性评价 [J]. 农业工程学报，2016，32（2）：141-147.

[5] 项娜. 脱硫废弃物改良碱土施用量影响因素和改良速度的试验研究 [D]. 呼和浩特：内蒙古农业大学，2009.

[6] NIAMH C. MURPHY，NAOMI BURKE，PATRICK DICKER，

et al. Breathnach External validation of a risk prediction tool for Cesarean delivery：Results of the RECIPE study ［J］. American Journal of Obstetrics and Gynecology，2020，222（1）：330-331.

［7］ 程镜润．脱硫石膏改良滨海盐碱土的脱盐过程与效果实验研究［D］. 上海：东华大学，2014.

［8］ 赵锦慧，李杨，乌力更，等．石膏改良碱化土壤的效果（Ⅱ）——石膏与土上部 20cm 混匀的土柱系列［J］. 长江大学学报（自科版），2006（2）：119-122，99.

［9］ 赵锦慧，李杨，乌力更，等．石膏改良碱化土壤的效果（Ⅲ）——碱化土壤表面施用定量石膏的土柱系列［J］. 长江大学学报（自科版）农学卷，2006，3（3）：111-114，137.

［10］ 赵锦慧，李杨，乌力更，等．石膏改良碱化土壤的效果（Ⅰ）——石膏与土全部混匀的土柱系列［J］. 长江大学学报（自科版）农学卷，2005（4）：8-11，6.

［11］ 俞仁培．土壤碱化及其防治［M］. 北京：农业出版社，1984.

［12］ 李学敏，翟玉柱，孙文元．碱化土壤代换性钠允许值与磷石膏用量确定方法探讨［J］. 河北农业科学，1998（3）：37-39.

［13］ 任坤，任树梅，杨培岭，等．$CaSO_4$ 在改良碱化土壤过程中对其理化性质的影响［J］. 灌溉排水学报，2006（4）：77-80.

［14］ 李玉波，许清涛．脱硫石膏对苏打盐碱土旱田的改良效果研究［J］. 中国农机化学报，2013，34（1）：249-252.

［15］ 赵锦慧，乌力更，红梅，等．石膏改良碱化土壤中所发生的化学反应的初步研究［J］. 土壤学报，2004（3）：484-488.

［16］ 赵锦慧，何超，黄超，等．影响石膏改良碱化土壤效率

的主要因素分析（英文）[J]. Agricultural Science & Technology，2016，17（2）：367-373，378.

[17] 李跃进，乌力更，芦水兴，等. 燃煤烟气脱硫副产物改良碱化土壤田间试验研究[J]. 华北农学报，2004（S1）：10-15.

[18] 石懿，杨培岭，张建国，等. 利用SAR和pH分析脱硫石膏改良碱（化）土壤的机理[J]. 灌溉排水学报，2005（4）：5-10.

7 烟气脱硫石膏改良碱土的施用技术

根据前面所提到的定量分析土壤的碱性盐和交换性钠、镁的含量，可以计算出改良全部计划改良层土壤所需的化学改良剂（煤烟脱硫废渣）的施用量，在现有的耕作条件下，一次施入煤烟脱硫废渣好，还是分次施入好，土柱模拟试验可以说明问题。

7.1 材料与方法

7.1.1 试验区概况

本次模拟试验标准土样采自昌吉市奇台县草原站（44°04′42.62″N，89°53′24.81″E，海拔 791m）附近的试验区，所选样地位于天山北坡与准噶尔盆地南缘地区过渡带的冲积平原区，存在较大面积的碱化土壤，在准噶尔盆地东南缘范围内具有很强的代表性[1]。本研究对象为地表无任何植被分布，且土壤中无植物根系的强碱化土壤，试验点的地表由于碱性强，呈灰白色，光滑并且地势平坦，且为未被利用的原生荒地，无农田、居民点和道路等人为影响的区域。采集了草甸碱土 0~20cm 土层的混合样，在室内风干，过 1mm 筛，充分混匀后进行土柱模拟试验[2-4]。

以 1∶1 水土比的提取液，用斯木之法分析化验八大离子，测定交换性阳离子 K^+、Na^+、Ca^{2+}和 Mg^{2+}，化验结果见表 7-1 和表 7-2。

表 7-1　标准土样离子组成及含量　（mmol）

全盐量（mmol/kg）	pH 值	CO_3^{2-}	HCO_3^-	SO_4^{2-}	Cl^-	Ca^{2+}	Mg^{2+}	K^++Na^+
24.90	9.25	1.20	3.00	5.20	15.50	0.20	0.60	24.10
		4.82	12.05	20.88	62.25	0.80	2.41	96.79

表 7-2 标准土样的交换性盐基 (mmol/kg)

交换量	交换性盐基				
	Ca^{2+}	Mg^{2+}	Na^{+}	K^{+}	$K^{+}+Na^{+}$
75. 90	16. 60	22. 30	34. 30	2. 70	37. 00
	21. 87	29. 38	45. 19	3. 56	48. 75

按照各盐类溶解度的大小，把离子搭配成盐类，见表 7-3。

表 7-3 土样的盐分组成及含量 (mmol/kg)

$Ca(HCO_3)_2$	$Mg(HCO_3)_2$	$NaHCO_3$	Na_2CO_3	Na_2SO_4	NaCl
0. 20	0. 60	2. 20	1. 20	5. 20	15. 50

7. 1. 2 试验设计

本试验设计了 0~40cm 的两个平行模拟土柱 G_{40-X}，X 为分次施用标准量。施用量为 0~40cm 全部改良所需 4. 6608g 脱硫废渣（含 2. 7275g，即 40. 11mmol $CaSO_4$），计划两次施用，先在 0~10cm 混施全部改良剂的 2/3，进行灌洗两次，两次间隔 24h，设计收集滤液每次为 80mL；然后表施余下 1/3，同样灌洗两次，两次间隔 24h，设计收集滤液每次为 80mL；最后分析滤液化学成分，进行推理计算，并与一次施入量进行比较[5,6]。

7. 2 试验结果与分析

7. 2. 1 淋洗过程中的化学变化

每个模拟土柱进行 2 次平行处理，经过定量灌水，滤液收集并测定。

7. 2. 1. 1 离子变化

经测定，各离子含量如下（表 7-4）。

表 7-4　改良剂分次施用的滤液离子组成　(mmol)

处理编号	pH	全盐量	CO_3^{2-}	HCO_3^-	SO_4^{2-}	Cl^-	Ca^{2+}	Mg^{2+}	K^++Na^+
$G_{40-2/3-1}$	7.86	22.98	0.03	0.58	12.75	9.62	0.64	1.71	20.63
$G_{40-2/3-2}$	8.00	5.85	0.07	0.36	5.39	0.03	0.51	0.12	5.22
$G_{40-1/3-1}$	7.70	5.58	0	0.03	5.50	0.05	0.33	0.08	5.17
$G_{40-1/3-2}$	7.85	4.39	0	0.05	4.31	0.03	0.24	0.09	4.06

7.2.1.2　盐分变化

依据表 7-3 的方法，将阴阳离子计算成盐分的组成如下（表 7-5）。

表 7-5　改良剂分次施用的滤液盐分组成　(mmol)

处理编号	$Ca(HCO_3)_2$	$CaSO_4$	$Mg(HCO_3)_2$	$MgSO_4$	$NaHCO_3$	Na_2CO_3	Na_2SO_4	NaCl
$G_{40-2/3-1}$	7.86	22.98	0.03	0.58	12.75	9.62	1.71	20.63
$G_{40-2/3-2}$	8.00	5.85	0.07	0.36	5.39	0.03	0.12	5.22
$G_{40-1/3-1}$	7.70	5.58	0	0.03	5.50	0.05	0.08	5.17
$G_{40-1/3-2}$	7.85	4.39	0	0.05	4.31	0.03	0.09	4.06

7.2.1.3　石膏的去向

根据原土样和滤液中的盐分组成对比，推理计算，得出有关滤液中的化学参量的变化，列表如下（表 7-6）。

表 7-6　分次使用烟气脱硫副产物滤液中石膏的去向　(mmol,%)

处理编号	溶解量 溶解率	残余量 残余率	渗漏量 渗漏率	转化量 转化率	与碱性盐的作用量 作用率	与交换性纳的作用量 作用率	与交换性镁的作用量 作用率	碱化度	脱碱率
$G_{40-2/3-1}$	9.31 23.21	30.80 76.79	0.03 0.07	9.28 23.14	2.68 6.68	5.29 13.19	1.31 3.27	38.26	21.50
$G_{40-2/3-2}$	5.39 13.43	25.41 63.35	0.08 0.20	5.31 13.24	0	5.19 12.94	0.12 0.30	27.99	21.09

（续表）

处理编号	溶解量/溶解率	残余量/残余率	渗漏量/渗漏率	转化量/转化率	与碱性盐的作用量/作用率	与交换性纳的作用量/作用率	与交换性镁的作用量/作用率	碱化度	脱碱率
$G_{40-1/3-1}$	5.50 13.71	19.91 49.64	0.30 0.75	5.20 12.96	0	5.12 12.76	0.08 0.20	17.85	20.80
$G_{40-1/3-2}$	4.31 10.75	15.60 38.89	0.19 0.47	4.12 10.27	0	4.03 10.05	0.09 0.22	9.86	16.38
G_{40-x}	24.51 61.11	15.60 38.89	0.60 1.50	23.92 59.64	2.68 6.68	19.63 48.94	1.60 3.99	9.86	79.77

由表 7-6 可知，四次灌洗后，分次施用改良剂（烟气脱硫副产物）最终的碱化度为 9.86%，达到非碱化，总脱碱率为 79.77%；溶解的石膏除渗漏 0.6mmol 外，其余均作用于碱性盐和交换性钠、镁。第一次滤液中碱性盐全部消失，后来反应只是石膏与交换性钠、镁的作用。

将改良剂一次施用和分次施用改良过程的溶解量对比后作图 7-1。

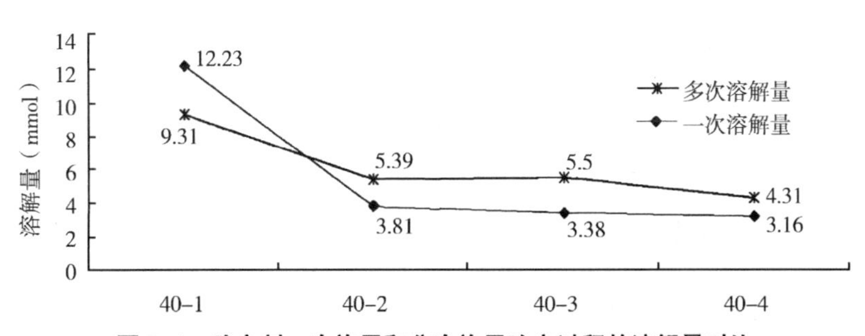

图 7-1　改良剂一次施用和分次施用改良过程的溶解量对比

7.2.2　溶解量的变化

四次溶解中除了第一次外，分次施入的石膏溶解量均比一次施入溶解的量多（表 7-7）；当施入 G_{40} 的 2/3 时灌水两次后，溶解量开始急速下降；施入余下的 1/3 烟气脱硫副产物，化学方程式左边的反应物增加，促使平衡向右移动，所以溶解量有增加的趋势[7]，而且一次性施入改良剂，相对于分次施入的第一次施入改良剂的 2/3 量来说，前者的溶解量大，这是因为施用量前者本身就大。整体来看一次施入总溶解量为 22.58mmol，比总溶解量的 24.51mmol 少 7.87%。

表 7-7　改良剂一次施入滤液中石膏的去向　(mmol,%)

处理编号	溶解量 溶解率	残余量 残余率	渗漏量 渗漏率	转化量 转化率	与碱性盐作用量 作用率	与交换性钠作用量 作用率	与交换性镁作用量 作用率	碱化度	脱碱率
A_{40-1}	12.23 30.00	27.88 96.51	0.40 1.00	11.83 29.49	2.67 6.66	7.60 18.95	1.82 5.00	33.70	30.88
A_{40-2}	3.81 9.50	24.07 60.01	0	3.81 9.50	0	3.81 9.50	0	25.16	17.39
A_{40-3}	3.38 8.43	20.69 51.58	0	3.38 8.43	0	3.38 8.43	0	17.33	16.03
A_{40-4}	3.16 8.00	17.53 39.48	0	2.56 6.38	0	2.56 6.38	0	12.54	13.74
A_{40}	22.58 56.30	17.53 39.48	0.40 1.00	21.58 53.80	2.67 6.66	17.35 43.26	1.82 5.00	12.54	78.04

7.2.3　渗漏量的变化

随着 $CaSO_4$ 溶解量的增加，其中渗漏部分相应变大，分次施入的总渗漏量是 0.60mmol，比一次施入的处理 0.40mmol 多了 0.20mmol。

7.2.4　碱化度的变化

石膏渗漏的同时，溶解量的另一部分全部发生转化，更多的钙离子进入土壤胶体，使代换性钠引起的碱化度进一步减小[8-11]。分次施入的烟气脱硫副产物的模拟土柱，交换性钠的反应总量为 19.63mmol，比一次施入的模拟土柱反应总量 17.95mmol 多了 1.68mmol。一次施入烟气脱硫副产物的处理碱化度最终为 12.54%，分次施入改良后的碱化度则为 9.86%。

7.2.5 石膏改良碱土的效果问题

石膏改良碱土，是一个极其复杂的物理化学、化学和物理过程。不同的技术措施相结合，其改良效果有显著的差别[12]。效果好坏，主要看碱化度降低的程度[13-15]。我们改良的标准，就是让碱土变为非碱化土。因此，达到了改良的标准，就叫改良效果好。碱土变为非碱化土，也就意味着碳酸钠、碳酸氢钠、碳酸镁、碳酸氢镁等碱性盐，也得到改良[16]。达到轻碱化，就差一点；达到中度碱化就差；达到重度碱化就更差[17]。因为轻碱化、中碱化、重碱化，在自然情况下，土壤中含有大量的碳酸钙、碳酸镁，在高碱化度条件下还会重新产生碳酸钠、碳酸氢钠、碳酸镁、碳酸氢镁。

我们说 G_{40}的改良效果好，因为它已经使碱化度降低了 7.66%，变成非碱化。说 A_{40}的改良效果很差，因为它只达到重碱化。相距达到改良目标很远。效果的好坏，是衡量一切技术措施的重要的最根本的目标。达不到改良目标，其他速度快、省石膏、节水，都变得没有意义。A_{40}由碱土改造为重碱化土，效果很差；G_{40}由碱土改造为非碱化土，效果极佳。

7.2.6 石膏改良碱土的速度问题

谈速度，要以达到改良目标为前提，苏联安琪波夫-卡拉塔耶夫在总结苏联在干草原栗钙土还在非灌溉条件下用石膏改良碱土：要经过 10~20 年的时间，显然太慢了[18]。我希望速度快，不搞持久战。

A_{40}经过 11.7 天的淋洗时间，算上间歇时间将近 20 天，而碱土只变为重碱化土。时间长，还未达到改良目标。G_{40}经过 3.7 天，算上 3 天间歇，不过 7 天时间，一举告捷，达到非碱化（7.66%），实现改良目标，速度当然很快。

7.2.7 省石膏问题

改良碱土中，以 40cm 做计划改良层，计算石膏施用量。试区地下水位 2.7m，灌水量在 180m^3/亩，分 4 次灌入不会引起地下水升高（面积 11.28cm/40mL 水相当于 23m^3/亩，300mL 水相当于 177m^3/亩）。

我们现在以试验的碱土土样为例：每亩施用纯石膏（硫酸钙）= 2 417kg/亩；每亩施用硬石膏（二水硫酸钙）= 3 056kg/亩；每亩施用废渣（含硫酸钙 58.52%）= 4 130kg/亩。

我们施用的石膏是 40cm 计划改良层内的交换钠、交换镁、碳酸钠、碳酸氢钠、碳酸氢镁需要石膏的总和。施入土壤中，如此巨大数量的石膏，是多了？还是不足？还是正好？这将因技术措施的组合而定。

A_{40}，301g 土柱中施入石膏 45.36mmol，溶解 41.87mmol 渗漏损失 15.55mmol，交换性镁消耗 11.62mmol。后两项浪费 58.8%，留给交换钠的石膏只有 11.62mmol。而交换钠，要由 ESP50.13% 降到 10%，需要 28.65mmol 的石膏才能满足，尚缺少 17.03mmol 的石膏。故 A_{40}的施石膏多、溶解多、浪费严重，而不能达到改良目的。即使还有 3.49mmol 残余石膏，也难弥补 17.03mmol 的巨大亏空。如不再施石膏，将永远不能达到目的，只有等待碳酸钙长时间缓慢地自然脱碱改良[19]。

G_{40}，石膏施入量 40.11mmol，溶解量 23.04mmol，渗透损失为 0.4mmol，交换镁消耗 1.82mmol，碱性盐消耗 2.67mmol，给交换钠剩余的石膏为 18.15mmol。由碳酸钙作用脱碱 1.52mmol 合起来 19.67mmol。这使其碱化度由原来的 48.75%降为 7.66%，达到非碱化的改良目标。其特点是石膏溶解量少、渗漏损失少、交换镁作用少、交换钠作用强、水的利用高，达到了改良目标。达到目标之后，残余石膏仍有 17.53mmol，这属于该种技术措施节约的石膏。石膏的节约量为施入量的 43%。因此，凡采用该种技术措施的地方，要将原计算的石膏施用量中扣除 40%，作为实际石膏施用量。因此，本节试验碱土的石膏施用量的计算值，经过修正之后，应为：每亩施用纯石膏 = 1 450kg，每亩施用硬石膏 = 1 833kg，每亩施用脱硫副产物 = 2 478kg。

7.2.8 节水问题

节水也要以达到改良目标为前提。节水指标要以石膏施用的不同方法为转移[20,21]。A_{40}灌水量达到 1 731mL，相当于每亩 1 073m^3 只把碱土改造到重碱化土。在这种石膏施用方法下，再灌几倍的水，也难以达到中度碱化。G_{40}灌水量只用 521mL，相当于每亩 307m^3 水，就达到改良目标。虽然，每次灌水保证 80mL 滤液，但每 20mL 取样观测化验盐分的变化，我们不仅知道最终结果，而且关注着每 20mL 滤液所反应的化学过程、物理化学过程和物理过程的变化。因此，对 40cm 内的改良效果和改良速度，都做到胸中有数。我们对 G_{40} 在 10cm、20cm 处滤液的变化，也是每 20mL 接取滤液。证明 10cm 内的碱土改良为非碱化土，只需 40mL 水，23m^3/亩；20cm 内的碱土，改造为非碱化土，需 100mL 水，59m^3/亩。随着深度的加大，改良难度加大，40cm 土柱必须达到 320mL，189m^3/亩的滤液才能使碱土变为非碱化土。加上达到田间需水量所需 210mL 水，变为 520mL 的灌水量。室内试验用的土样为风干土，故达到田间需水量所用水达到灌水量的 40%；如果在田间，自然含水量较高，则这个水量可大为减少，只用 30~50m^3/亩。总之，G_{40} 比 A_{40}，其灌水节约 1 000mL，相当于 800m^3/亩。更主要的是达到了改良目标。对 A_{40} 与 G_{40} 的两种处理对比，足以说明采用小定额分次灌水相结合的技术措施，经过三年的摸索才产生的。目前可以称为效果好、速度快、节水、省石膏的好办法。

7.3 小结

在脱硫石膏使用技术上，经推理计算，分次施入改良剂的土柱在相同改良剂施用量和灌水量的情况下，对照一次施入改良剂的土柱，从整体来看，在溶解量加大的同时，渗漏和转化部分相应增大。

参考文献

[1] 张录．奇台县强碱土土壤呼吸日和季节变化研究［D］．乌鲁木齐：新疆大学，2015.

[2] 廖栩，杨帆，王志春，等．腐解秸秆和脱硫石膏添加对苏打盐渍土淋洗脱盐效率的影响［J］．土壤与作物，2020，

9 (1): 74-82.

[3] FAVARETTO N, NORTON L D, JOHNSTON C T, et al. Nitrogen and Phosphorus Leaching as Affected by Gypsum Amendment and Exchangeable Calcium and Magnesium [J]. Soil Science Society of America Journal, 2012, 76 (2): 575-585.

[4] CHEN, LIMING, KOST, et al. Flue Gas Desulfurization Products as Sulfur Sources for Corn [J]. Soil Science Society of America Journal, 2008, 72 (5): 1464-1470.

[5] 李晓娜，张强，陈明昌，等．不同改良剂对苏打碱土磷有效性影响的研究 [J]. 水土保持学报，2005 (1): 71-74.

[6] 刘娟，张凤华，李小东，等．滴灌条件下脱硫石膏对盐碱土改良效果及安全性的影响 [J]. 干旱区资源与环境，2017，31 (11): 87-93.

[7] 贺坤，李小平，徐晨，等．烟气脱硫石膏对滨海盐渍土的改良效果 [J]. 环境科学研究，2018，31 (3): 547-554.

[8] 张子璇，牛蓓蓓，李新举．不同改良模式对滨海盐渍土土壤理化性质的影响 [J]. 生态环境学报，2020，29 (2): 275-284.

[9] XIE W J, WU L F, ZHANG Y P, et al. Effects of straw application on coastal saline topsoil salinity and wheat yield trend [J]. Soil & Tillage Research, 2017, 169: 1-6.

[10] 赵瑞．煤烟脱硫副产物改良碱化土壤研究 [D]. 北京：北京林业大学，2006.

[11] 胡慧，马帅国，田蕾，等．脱硫石膏改良盐碱土对水稻叶绿素荧光特性的影响 [J]. 核农学报，2019，33 (12): 2439-2450.

[12] 朱弘智．土壤-灌溉水协同调控对设施土壤及黄瓜生长特性的影响 [D]. 银川：宁夏大学，2019.

[13] 姜同轩，陈虹，张玉龙，等．脱硫石膏不同施用量对盐碱地改良安全性评价 [J]. 新疆农业科学，2019，56 (3): 438-445.

[14] 吕子文. 松嫩平原盐碱土改良配方研究 [J]. 城市建设理论研究（电子版），2019（8）：203.

[15] 贺坤，童莉，盛钗，等. 烟气脱硫石膏和园林废弃物堆肥混合施用对滨海盐渍土壤的改良 [J]. 环境工程学报，2020，14（2）：552-559.

[16] 石婧，黄超，刘娟，等. 脱硫石膏不同施用量对新疆盐碱土壤改良效果及作物产量的影响 [J]. 环境工程学报，2018，12（6）：1800-1807.

[17] 王丹，黄超，李小东，等. 脱硫石膏配施不同量有机物料对盐碱土壤改良效果及作物产量的影响 [J]. 干旱地区农业研究，2019，37（1）：34-40.

[18] 杜雅仙，马凯博，康扬眉，等. 脱硫石膏与结构改良剂配合施用对盐碱地土壤的改良和枸杞生长的影响 [J]. 北方园艺，2018（21）：129-135.

[19] 邢秀芹，王丽，赵天娇，等. 脱硫石膏改良盐碱土室内盆栽模拟试验研究 [J]. 白城师范学院学报，2016，30（8）：55-57+61.

[20] 梁向锋，赵世伟，张扬，等. 子午岭植被恢复对土壤饱和导水率的影响 [J]. 生态学报，2009，29（2）：636-642.

[21] 俞昊良. 脱硫副产物施用条件下碱化土壤结构演变机制及其定量表征 [D]. 北京：中国农业大学，2015.

8 NaCl 和 Na_2SO_4 对 $CaSO_4$ 溶解度的影响

在草甸碱化土壤区，地下水在 2~3m 有一定程度的盐化现象，都含有一定的盐分[1-3]。其中，NaCl 和 Na_2SO_4 含量较高，对于石膏来说，NaCl 起着盐效应，提高了石膏的溶解度[4]，Na_2SO_4 起着同离子效应，抑制了石膏的溶解度[5,6]，那么它们在碱土改良过程中究竟起到了什么作用？在其他的化学过程中，究竟起了什么作用？我们还不清楚，需要研究。

8.1 试验设计

设计装填三组 0~10cm 土柱 C_{10-X} 系列：C_{10-S}、C_{10-Y}、C_{10-T}，0~10cm 为纯石膏施用层；每组各 2 个平行，取平均值列表计算；S、Y、T 为三种不同的处理，S 为蒸馏水，Y 为 0.1160mol/L 的 NaCl 溶液，T 为 0.1680mol/L 的 Na_2SO_4 溶液；分别灌水 3 次，且每次间隔 24h，计划收集滤液 80mL，进行测定。

8.2 结果与分析

开始淋洗时，氯离子大部分被淋失，由于石膏的溶解，pH 均迅速降到 8 以下，碱性盐离子（CO_3^{2-}、HCO_3^-）减少，钙、镁、钠、硫酸根离子均增大，钙离子含量依次是 $C_{10-Y-1}>C_{10-S-1}>C_{10-T-1}$（表 8-1）。

表 8-1　C_{10-X-1} 每 80mL 滤液中阴阳离子含量变化

（mmol/kg）

处理编号	pH 值	全盐量	CO_3^{2-}	HCO_3^-	SO_4^{2-}	Cl^-	Ca^{2+}	Mg^{2+}	Na^++K^+
C_{10}	9.25	4.14	0.20	0.50	0.86	2.58	0.03	0.10	4.01

(续表)

处理编号	pH 值	全盐量	CO_3^{2-}	HCO_3^-	SO_4^{2-}	Cl^-	Ca^{2+}	Mg^{2+}	Na^++K^+
C_{10-S-1}	7.71	11.96	0	0.12	9.39	2.45	2.47	1.34	8.15
C_{10-Y-1}	7.60	20.73	0	0.14	8.78	11.81	2.77	1.86	16.10
C_{10-T-1}	7.80	20.91	0	0.15	20.26	2.50	1.70	1.77	19.44

注：X 代表 S、Y、T。

第二次淋洗，pH 值均在 8.0 左右，在土壤的原有离子大都淋失的情况下，不同溶液的作用下，从石膏中解离出的钙离子量为 C_{10-Y-2}> C_{10-S-2}> C_{10-T-2}。脱除镁离子量的顺序 C_{10-Y-2}>C_{10-T-2}>C_{10-S-2}（表 8-2）。

表 8-2　C_{10-X-2}每 80mL 滤液中阴阳离子含量变化

(mmol/kg)

处理编号	pH	全盐量	CO_3^{2-}	HCO_3^-	SO_4^{2-}	Cl^-	Ca^{2+}	Mg^{2+}	Na^++K^+
C_{10-S-2}	7.95	3.89	0	0.07	3.78	0.04	2.25	0.89	0.75
C_{10-Y-2}	8.00	14.73	0	0.07	5.00	9.68	3.42	1.10	10.21
C_{10-T-2}	7.97	17.71	0	0.11	17.56	0.04	1.65	1.06	15.00

注：X 代表 S、Y、T。

第三次灌洗的效果同第二次类似，钙离子量为 C_{10-Y-3} > C_{10-S-3}>C_{10-T-3}。脱除镁离子量的顺序 C_{10-Y-3}>C_{10-T-3}>C_{10-S-3}（表 8-3）。

表 8-3　C_{10-X-3}每 80mL 滤液中阴阳离子含量变化

(mmol/kg)

处理编号	pH	全盐量	CO_3^{2-}	HCO_3^-	SO_4^{2-}	Cl^-	Ca^{2+}	Mg^{2+}	Na^++K^+
C_{10-S-3}	7.80	3.11	0	0.02	3.06	0.03	2.24	0.58	0.29
C_{10-Y-3}	7.75	13.58	0	0.10	3.60	9.88	3.47	0.77	9.34
C_{10-T-3}	7.90	16.03	0	0.17	15.85	0.01	1.52	0.70	13.81

注：X 代表 S、Y、T。

将阴阳离子换算成盐分，结果见表 8-4。

表 8-4　C_{10-X-1}每 80mL 滤液中的盐分含量变化

(mmol/kg)

处理编号	$Ca(HCO_3)_2$	$CaSO_4$	$Mg(HCO_3)_2$	$MgSO_4$	$NaHCO_3$	Na_2CO_3	Na_2SO_4	NaCl
C_{10}	0.03	0	0.10	0.10	0.37	0.20	0.86	2.58
C_{10-S-1}	0.12	2.35	0	1.34	0	0	5.70	2.45
C_{10-Y-1}	0.14	2.63	0	1.86	0	0	4.29	11.81
C_{10-T-1}	0.15	1.55	0	1.77	0	0	16.94	2.56

注：X 代表 S、Y、T。

在 3 种不同溶液下渗作用下，可溶性氯化钠大部分淋失，C_{10-T-1}淋洗的氯化钠多于 C_{10-S-1}；溶解的石膏一部分和碱性盐反应，碱性盐消失；硫酸钙被淋洗，流失量的大小为 $C_{10-Y-1}>C_{10-S-1}>C_{10-T-1}$；同时生成一定量的硫酸镁和硫酸钠（表 8-5）。

表 8-5　C_{10-X-2}每 80mL 滤液中的盐分含量变化

(mmol/kg)

处理编号	$Ca(HCO_3)_2$	$CaSO_4$	$Mg(HCO_3)_2$	$MgSO_4$	$NaHCO_3$	Na_2CO_3	Na_2SO_4	NaCl
C_{10-S-2}	0.07	2.18	0	0.89	0	0	0	0.04
C_{10-Y-2}	0.07	3.35	0	1.10	0	0	0.71	9.66
C_{10-T-2}	0.11	1.54	0	1.06	0	0	0.55	0.04

注：X 代表 S、Y、T。

由表 8-5 可知，硫酸钙一部分被淋洗，流失量的大小为 $C_{10-Y-2}>C_{10-S-2}>C_{10-T-2}$；硫酸镁生成量的顺序 $C_{10-Y-2}>C_{10-S-2}>C_{10-T-2}$（表 8-6）。

表 8-6　C_{10-X-3}每 80mL 滤液中的盐分含量变化

(mmol/kg)

处理编号	$Ca(HCO_3)_2$	$CaSO_4$	$Mg(HCO_3)_2$	$MgSO_4$	$NaHCO_3$	Na_2CO_3	Na_2SO_4	NaCl
C_{10-S-3}	0.02	2.22	0	0.58	0	0	0.26	0.03
C_{10-Y-3}	0.10	3.37	0	0.22	0	0	0	9.34
C_{10-T-3}	0.17	1.35	0	0.70	0	0	13.80	0.01

注：X 代表 S、Y、T。

第三次淋洗过程中，溶解的硫酸钙一部分被淋洗，流失量的大小

为 C_{10-Y-2}>C_{10-S-2}>C_{10-T-2}（表 8-7）。

表 8-7 C_{10-X-1}每 80mL 滤液中石膏化学参量变化

（mmol，%）

处理编号	溶解量	残余量	渗漏量	转化量	石膏与碱性盐作用量	石膏与交换钠作用量	石膏与交换镁作用量	碱化度	脱碱率
	溶解率	残余率	渗漏率	转化率	作用率	作用率	作用率		
C_{10-S-1}	8.53	31.58	2.35	6.18	0.67	4.27	1.24	14.90	69.00
	21.27	78.73	5.86	15.41	1.67	10.05	3.09		
C_{10-Y-1}	7.92	32.19	2.63	5.29	0.67	2.86	1.76	26.07	46.50
	19.75	80.25	6.56	13.19	1.67	7.13	4.34		
C_{10-T-1}	5.60	34.51	1.55	4.06	0.67	1.77	1.67	34.71	28.78
	13.96	86.04	3.86	10.10	1.67	4.26	4.16		

首次 80mL 溶液的淋洗下，在脱除原土壤盐分的同时，C_{10-S-1}的脱碱率最大，碱化度最低，其次为 C_{10-Y-1}、C_{10-T-1}，溶解量亦然；渗漏量的顺序为 C_{10-Y-1}>C_{10-S-1}>C_{10-T-1}（表 8-8）。

表 8-8 C_{10-X-2}每 80mL 滤液中石膏化学参量变化

（mmol，%）

处理编号	溶解量	残余量	渗漏量	转化量	石膏与碱性盐作用量	石膏与交换钠作用量	石膏与交换镁作用量	碱化度	脱碱率
	溶解率	残余率	渗漏率	转化率	作用率	作用率	作用率		
C_{10-S-2}	3.78	27.80	2.18	1.60	0	0.71	0.89	9.27	11.54
	9.42	69.31	5.44	3.99	0	1.77	2.22		
C_{10-Y-2}	5.00	27.19	3.35	1.65	0	0.55	1.10	21.71	8.94
	12.47	60.50	8.35	4.11	0	1.37	2.74		
C_{10-T-2}	3.50	30.71	1.54	2.33	0	1.17	1.06	25.43	19.00
	8.73	77.31	3.84	5.81	0	2.92	2.04		

原土样的盐分基本淋洗后，同离子效应和盐效应较为明显[7-9]，溶解量依次为 C_{10-Y-2}>C_{10-S-2}> C_{10-T-2}；渗漏损失量顺序是 C_{10-Y-2}>C_{10-S-2}> C_{10-T-2}；在氯化钠的作用下溶解量最大，但同时与交换性钠的作用量最小，脱碱率最低，与交换性镁作用量最大；而硫酸钠与交

换性钠的作用量最大，脱碱率最高（表 8-9）。

表 8-9　C_{10-X-3}每 80mL 滤液中石膏化学参量变化

（mmol，%）

处理编号	溶解量	残余量	渗漏量	转化量	石膏与碱性盐作用量	石膏与交换钠作用量	石膏与交换镁作用量	碱化度	脱碱率
	溶解率	残余率	渗漏率	转化率	作用率	作用率	作用率		
C_{10-S-3}	3.06	24.74	2.22	0.84	0	0.26	0.58	7.21	4.22
	7.63	59.89	5.53	2.09	0	0.65	1.45		
C_{10-Y-3}	3.59	23.60	3.37	0.22	0	0	0.22	21.71	0
	8.95	51.55	8.41	0.55	0	0	0.55		
C_{10-T-3}	2.05	26.86	1.35	0.70	0	0	0.70	25.43	0
	5.11	72.20	3.37	1.75	0	0	1.75		

三种溶液的继续淋洗下，溶解量、渗漏量的顺序仍为 C_{10-Y-3}> C_{10-S-3}> C_{10-T-3}；有渗漏的同时，C_{10-Y-3}和 C_{10-T-3}与交换性钠的作用量为 0，说明在溶液中的钠离子量不断增加的条件下，钙离子和钠离子的交换反应达到了平衡[10-13]。

在不同溶液的分次淋洗下，从石膏的不同溶解情况引起的不同化学变化可以看出，第一次淋洗时：

（1）两盐作用下的石膏溶解量都低于水[14]；

（2）残留石膏 Na_2SO_4> NaCl>水；

（3）NaCl 加大石膏渗漏量，Na_2SO_4 则减少渗漏；

（4）NaCl、Na_2SO_4 都使 $MgSO_4$ 加大，即促使交换性 Mg 的脱除；

（5）水的作用于交换性 Na 最大，次为 NaCl，再次 Na_2SO_4；

（6）Na 盐浓度增高，使 Na/Ca 比（溶液）增加，对于主反应说：

$$Na+CaSO_4 = Ca+Na_2SO_4$$

$$Na+Ca^{2+} = Ca+Na^{+}（Cl，SO_4）$$

增加了逆反应之故[15]。

第二次淋洗过程中，由于大部分其他盐分均已脱除，NaCl、Na_2SO_4 浓度相对增大，各自作用开始明显：

（1）在三种溶液的作用下，石膏的溶解度：NaCl>水>Na_2SO_4；

（2）残留量 Na_2SO_4 最多，其次水，再次为 NaCl；

（3）渗漏量随着溶解量的增大而增大，顺序：NaCl>水>Na_2SO_4；

（4）交换性镁消耗石膏量在水和 NaCl 作用下，大于交换性钠；在 Na_2SO_4 溶液中则相反；

（5）Na_2SO_4 脱碱效果最好，NaCl 最差。

第三次灌洗后：

（1）Na_2SO_4 与 NaCl 处理后，因 Na/Ca 比值高而停止脱碱化；

（2）Na_2SO_4 与 NaCl 的石膏渗漏大，而不与交换 Na 发生反应，说明达到了化学平衡[16]；

（3）NaCl 增加了石膏渗漏，溶液中 Na 增加，停止与交换钠反应，提高溶解度[13]；

（4）Na_2SO_4 减少石膏渗漏，溶液中 Na 增加，停止与交换钠反应，降低溶解度[17]。

从三次淋洗测定结果来看（图 8-1），盐分淋洗以前，NaCl 在土壤中的作用不太明显；从第二次滤液开始，基本可以看出石膏的溶解量在蒸馏水和两盐的作用下，变化开始有一定次序：NaCl>水>Na_2SO_4。

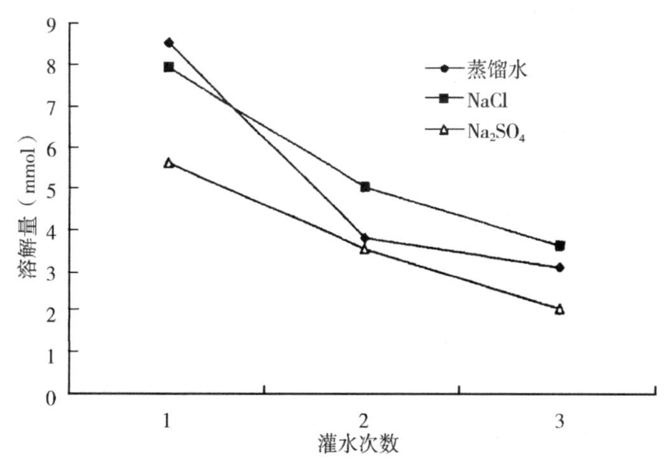

图 8-1　同离子效应和盐效应对比试验

8.3 小结

NaCl、水、Na_2SO_4 溶液在较大量淋洗 10cm $CaSO_4$ 施用层时，随着土壤本身的盐分被脱去的情况下，三种溶液对 $CaSO_4$ 溶解量的促进作用在各自单独灌洗时依次为 NaCl>水>Na_2SO_4，但在改良碱土的过程中，盐效应和同离子效应只在石膏的溶解度方面有相似的规律，在改良碱土的实质上即对交换性钠的脱除、碱化度的影响上其作用往往比较复杂[2]，而且土壤中的盐分存在无论在种类还是在数量上都比较复杂，有些问题有待于在以后的工作中进一步研究。

参考文献

[1] 王凯，秦毓芬．磷石膏对改良滨海盐土理化性状的作用及其机理［J］．江苏农业科学，1996（6）：37-39.

[2] ABRO L P. 关于石膏的溶解度和苏打土改良简［J］．Indian Soc. Soil Sci，1988，146（4）：277-283.

[3] RHOADES J D，LOVEDAY J. Saliniry amd Agiiculrure Irrigation of Agucutural Crops Agromomy，Monograph，1990（30）：ASA-CSSA-SSSA.

[4] PSLEL K P. 在排水和无水条件下含硫改良剂对作物的产量和钠质土性质的影响［J］．Arid Soil Reach and Rehabitation，1990（3）：173-180.

[5] 沈婧丽，杨建国．滴灌条件下不同改良模式对碱化土壤性质和枸杞产量的影响［J］．江苏农业学报，2020，36（2）：343-349.

[6] 吕建东，马帅国，田蓉蓉，等．脱硫石膏改良盐碱土对水稻产量及其相关性状的影响［J］．河南农业科学，2018，47（12）：20-27.

[7] 杨真，王宝山．中国盐渍土资源现状及改良利用对策［J］．山东农业科学，2015，47（4）：125-130.

[8] 尹志荣，黄建成，桂林国，等．盐碱地枸杞节水高效利用技术集成研究 [J]. 节水灌溉，2016 (12)：32-35.

[9] KHALID N, MUKRI M, KAMARUDIN F, et al. Clay Soil Stabilized Using Waste Paper Sludge Ash (WPSA) Mixtures [J]. Electronic Journal of Geotechnical Engineering, 2012, 17 (1)：1215-1225.

[10] 卞立红，高凤清，汪洋，等．大庆盐碱土壤中微生物的分离纯化 [J]. 高师理科学刊，2010，30 (3)：74-77.

[11] RIHUA LEI, YANG LI, YUERONG CAI, et al. bHLH121 Functions as a Direct Link that Facilitates the Activation of FIT by bHLH IVc Transcription Factors for Maintaining Fe Homeostasis in Arabidopsis [J]. Molecular Plant, 2020, 13 (4)：634-649.

[12] 杜文娟．探讨干旱区盐碱地生态治理关键技术 [J]. 农家参谋，2019 (18)：174.

[13] 王慧，刘宁，姚延梼，解文斌，等．晋北干旱区盐碱地柽柳叶总有机碳与营养元素含量的关系 [J]. 生态环境学报，2017，26 (12)：2036-2044.

[14] 张立华，陈小兵．盐碱地柽柳“盐岛”和“肥岛”效应及其碳氮磷生态化学计量学特征 [J]. 应用生态学报，2015，26 (3)：653-658.

[15] 鲁如坤．土壤农业化学分析方法 [M]. 北京：中国农业科技出版社，2000.

[16] 邢世和，熊德中，周碧青，等．不同土壤改良剂对土壤生化性质与烤烟产量的影响 [J]. 土壤通报，2005 (1)：72-75.

[17] 秦萍，张俊华，孙兆军，等．土壤结构改良剂对重度碱化盐土的改良效果 [J]. 土壤通报，2019，50 (2)：414-421.

9 烟气脱硫石膏改良碱土盆栽试验

对于盐碱土的改良，国内外的专家学者早已研究并提出了多种改良方案。在国外，对盐碱土的治理方案较多，如灌溉排水洗盐，生物改良措施（在盐渍化草甸草场上，通常采用翻耕种草建立人工草地），多施有机肥料（通过施用有机肥料，可以提高土壤肥力，增加土壤中有机质含量，改善土壤的物理性，加强淋溶作用，减少蒸发抑制返盐），化学改良措施（在苏打碱化盐土上施用石膏改造土壤）[1-3]。

在我国，根据多年的研究，已明确改良土壤的目的，不仅仅是去盐，更重要的是使改良后的土壤达到高产、稳产，所以也要采取排除盐分、培肥土壤同时进行，相互结合，相互促进。生产上采用排盐、压盐、躲盐等措施，能防止盐分向地表聚积，培肥则能改良土壤理化性质，既便于排盐，又便于增加作物产量。当然，排盐本身也是一种培肥方法[2,4,5]。

历史的教训与现实的需要表明，盐碱土改良的研究，要立足于更加广泛和更加长远的基础上，即必须应用生态系统的观点，运用现代科学技术，密切结合我国农业现代化的实际，深入探讨盐碱土地区高质量生态系统客观规律，为研究建立一种高产、稳产、优质和低成本的现代化农田结构提供科学依据[6]。

目前，国内外对盐碱土的研究，大多偏重于排除盐分，对于含碱量的处理，却比较单一，主要是用石膏去中和土壤的碱性，但它并非来自生产实践，而是从理论研究开始的[7,8]。19 世纪末、20 世纪初，先后由美国学者黑尔格德和苏联学者盖德洛依茨建立了苏打碱化土壤改良的 3 个化学方程式，由此奠定了改良碱化土壤的理论基础[9]。1960 年，俄国学者盖德洛依茨提出了土壤碱化度在 10%~12%时，可视为非碱化土和碱化土的界限，修正了部分的碱化分级指标，同时提出了计算石膏用量时，不必考虑交换性镁的存在[10,11]。1964 年，我国学者李述刚，根据新疆的实际情况，修改了前人的碱化土壤的分级指标，首先提出了一个新的暂时的分级方案。就是根据碱化度的不同，将土壤分为碱土、重碱化土、中碱化土、轻碱化土和非碱化土几个级别。以上三个化学公式和一个分级方案，就构成了石膏改良碱土的理论基础[12]。可以说，20 世纪只是在大量的田间试验中证明石膏可以改良碱土。因为没有通过科学的分析与计算，只是以理论为依据，随意地在田间施入石膏，由于各个地区的情况和生产条件不一样，导致在很多地区都试验失败。但是，没有成功，并不是理论有错误，而是我们忽略了理论要与实践相结合，我们应该科学、经济、有计划地进行土壤改良。具体来说，我们首先要从分析土壤和石膏的成分做起，测定土壤中交换性钠的含量、全盐量、土壤水分的多少，明确土壤的碱化度、理化性质，测定石膏有效成分的含量。这样就为使用石膏改良土壤找到了一个切合点。当然，石膏改良土壤是一个极其复杂的化学、物理化学、化学过程，在不同的石膏施用量、施用方法，不同的灌溉量和灌水方法条件下，各化学反应相互干扰程度不同，且数量上有很大的变化[13-15]。我们可以在不同的地区做田间试验，不仅在理论上分析计算出土壤碱化度和石膏施用量之间的关系，还要结合实际情况，随时调整试验方案，最终能做到有理论根据、有计划改良深度的、可预测的效果好、速度快、省水、省石膏的综合技术改良方案。

任何试验研究都是有前提条件的。在探索研究这个课题之前，我们必须要明确一个问题：在什么样的碱化度下作物长势最好，产量最稳定？换句话说，就是石膏改良的终点在哪儿？为此，本研究模拟了碱土环境，在不同碱化度的土壤中，盆栽种植小麦，通过分析小麦的生长状况、土壤情况和碱化度的关系，从而找到作物生长与土壤碱化度的耦合关系，以达到在试验中明确石膏改良碱土的最佳施用量，为大田试验研究奠定基础。

9.1 试验设计

9.1.1 试验材料

试验标准土样有两种：一种试验标准土样采自昌吉市奇台县草原站（44°04′42.62″N，89°53′24.81″E，海拔 791m）附近的碱土改良试验区。采集 0～20cm 土层的混合样，室内风干，过 1mm 土筛，均匀混匀后，取 3 个平行样。对其水样离子化验结果见表 9-1 和表 9-2。

表 9-1 标准土样（水土比 1∶1） （mmol/kg）

全盐量	pH 值	水溶性离子含量						
		CO_3^{2-}	HCO_3^-	SO_4^{2-}	Cl^-	Ca^{2+}	Mg^{2+}	K^++Na^+
24.90	9.25	1.20	3.00	5.20	15.50	0.02	0.60	24.10
		4.82	12.05	20.88	62.25	0.80	2.41	96.79

表 9-2 交换性离子含量 （mmol/kg）

交换量	交换性离子				
	Ca^{2+}	Mg^{2+}	K^+	Na^+	K^++Na^+
75.90	16.60	22.30	2.70	34.30	37.00
	21.87	29.38	3.56	45.19	48.75

注：从数据看土种为草甸碱土，因为计算滤液时差减法得出的阳离子量为 K^++Na^+，所以滤液和土样换算时为了统一，碱化度为交换性 K^++Na^+ 占交换量的百分比。

另一种土样采自昌吉市奇台县草原站的自然深层（2m）土壤作为非碱土壤。土样经风干，研碎并过 1mm 筛，然后按不同的比例将碱土与深层非碱土混合均匀，配制成不同碱化度的土样，以供试验使用。配比方法是根据已测知的土壤碱化度按不同比例计算求得（表 9-3）。

表 9-3 供试验土样的配比情况

碱化度（%）	5	15	25	35	45	55
正常（kg）	29.04	24.51	19.97	15.43	10.89	6.35
碱土（kg）	0.95	5.49	10.03	14.57	19.01	23.64

本试验所用样品是基于上述土样配制的，化学成分已知的土样，交换性钠离子为 4.8mmol/kg，阳离子交换量为 74mmol/kg，碱化度为 6.5%。

9.1.2 试验方法

把采回的土壤摊晾薄薄的一层，置于室内通风阴干，大约需 2~3 天。在土样半干时，须将大块掰开，以免完全干后结成硬块，难以磨细。样品风干后，应拣去动植物残体，如根、茎、叶、虫和石块、结块。处理后的风干土样，先用木棒研细，使之通过 0.25mm 孔径的筛子，把不能通过的土样再用研钵进一步研细，使之通过，目的是模拟碱土环境。最后把过筛后的土样充分混匀。

准备 14 个花盆，把它们底部的小孔，用塑料泡沫填住，注意不要密不透气，要留有一定空隙，以便小麦根部呼吸。每盆用电子天平称取 1 500g 土样，要求精确到小数点后 2 位。

由于试验的要求是把已知非碱土土壤配成碱土，本研究用碳酸钠来配制碱土。根据土壤碱化度的计算公式

碱化度（%）= 交换性钠/阳离子交换量×100[16]

算出在不同碱化度下，交换性钠的量，从而得到所需碳酸钠的量(表 9-4)。

表 9-4 碱化度转换成碳酸钠

试验序号	碱化度（%）	钠离子含量（mol/kg）	需要碳酸钠（g/kg）	所加碳酸钠（g）
1	6.50	0.0481		
2	10	0.0740	1.3727	2.0591
3	15	0.1110	3.3337	5.0006

（续表）

试验序号	碱化度（%）	钠离子含量（mol/kg）	需要碳酸钠（g/kg）	所加碳酸钠（g）
4	20	0.1480	5.2947	7.9421
5	24	0.1776	6.8635	10.2953
6	28	0.2072	8.4323	12.6485
7	30	0.2220	9.2167	13.8251
8	34	0.2516	10.7855	16.1783
9	38	0.2812	12.3543	18.5315
10	40	0.2960	13.1387	19.7081
11	44	0.3256	14.7075	22.0613
12	48	0.3552	16.2763	24.4145
13	50	0.3700	17.0607	25.5911
14	60	0.4440	20.9827	31.4741
总量				209.7296

把碳酸钠溶解在300mL水中，用玻璃棒搅拌，待充分溶解后，均匀浇灌在花盆里，使其变成不同碱化度的土壤。在3~4天后，进行播种。

植物的生长发育情况，可以反映出土壤的理化性质[17]。本研究选用具有代表性的小麦品种永良-2号做盆栽试验。由于这种小麦的品质较高，只采取了种子筛选的方法，主要是根据种子的形状、大小、长短及厚度，选用筛孔适宜的筛子，进行种子分级，筛除细粒、秕粒以及夹杂物，选用充实饱满的种子播种。本试验选择的是穴播，按一定的距离开穴播种，把选好的种子每20粒为一组，深浅一致，再覆好土，浇灌300mL的水；此后，每隔一周，浇一次水，每次每盆浇水量一致。观察小麦的生长发育状况，做好记录。最后收割，称量鲜重和干重。

9.2 结果与分析

9.2.1 灌溉水量的测定

灌溉水量的测定是试验能够准确实施的重要保证[18]，由于试验是模拟碱土环境，需要加入碳酸钠配成碱土，那么对浇灌水量的要求必须做到准确适宜。不能过多，也不能偏少。多了，会导致碳酸钠的流失，以至于碱化度的下降，影响试验的准确性；少了，碳酸钠不能充分溶解，土壤也不能充分湿润，这样碳酸钠在土壤中就会混合不均匀，同样也会导致试验不准确。测得土壤的田间持水量是20%，计算出1 500g土灌溉水量应该为其重量的20%，也就是300mL（表9-5）。

表9-5 不同土壤质地灌溉水量 （%）

土壤质地	沙土	沙壤土	轻壤土	中壤土	生壤土	黏土
田间持水量	12	18	20	24	26	30
萎蔫系数	3	5	6	9	11	15
有效水最大含量	9	13	16	15	15	15

用原土做了一个空白试验，浇灌300mL的水，刚好渗透到底部，没有从花盆底部的孔中流出。

9.2.2 土壤裂度的测定

土壤裂度试验是出苗试验的一个前提试验。目的是验证碱性土壤板结后形成结壳的硬度试验。由于碱土在田间灌溉或降水之后，表层可以很快形成硬壳，妨碍作物顶出土壤表面；并且由于破裂的影响，扯断作物根系，使其不能生长[19-21]。也有可能是因为作物种子在浇水后，正好暴露在土壤的裂缝中，从而得到了更多的空气和水分，比碱化度低的土壤长势更好，依次造成试验误差[16]。

在这次试验中，碱化度大于28%后，就出现了有几颗小麦长在裂缝中，比同等环境下的其他作物生长发育好。因此，土壤裂度试验可以证明不同碱化度的大小与土壤裂度之间的关系，为改良碱土的研究奠定了基础（图9-1）。

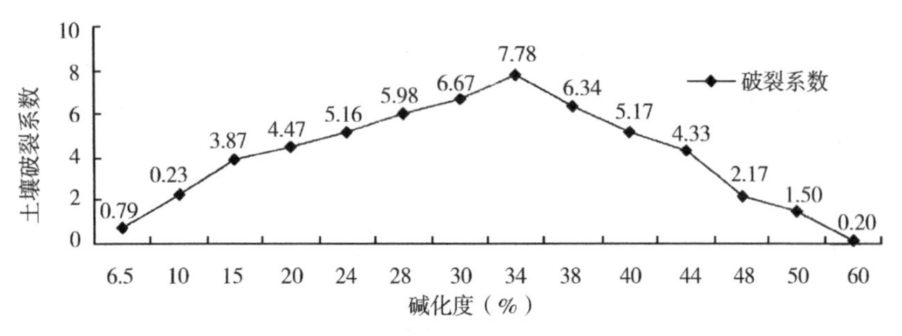

图9-1　不同碱化度土壤的裂度

土壤的裂度，是由于碱化土壤容易板结，碱化土壤湿润后强烈膨胀，干燥的时候又强烈收缩[22]。在碱化土壤上常常因为板结和龟裂造成作物播种后不能出苗或出苗后又被渍死。从试验数据来看，随着碱化度的增加，土壤的开裂程度加大了，但裂度到了34%后，碱化度就下降了。这是因为它的收缩必然使毛管空隙变得更细，土壤表层水分蒸发后下部毛管水难以补给，形成黏结力很强的、干燥的、板状的结皮[11,23-25]。同时发现碱化度在裂度28%时也有突变，这与碱土的其他性状相吻合。裂度34%是个峰值，以后变小，是由于盐起了很大作用，越往后碳酸钠加的越多，土壤表面积聚的盐就越多，盐化的土表变得致密，缝隙小，并结成棉絮状的盐晶。

9.2.3　小麦发芽率、出苗率的测定

9.2.3.1　小麦发芽率的测定

在试验前，我们必须对小麦种子的生命力做出正确的判断，以排除不出苗、不作苗和死苗是由自身原因引起的，减小试验误差。本试验选用的小麦品种为永良-2号，见表9-6。

表 9-6 小麦发芽率测定

作物名称	发芽平均数	种植数	发芽率
小麦	19	20	95%

9.2.3.2 小麦出苗率测定

在试验中，对小麦出苗率进行统计的结果见表 9-7。

表 9-7 小麦出苗率的统计 （%）

碱化度	6.5	10	15	20	24	28	30
出苗率	90	80	75	60	55	50	40
碱化度	34	38	40	44	48	50	60
出苗率	30	20	5	0	0	0	0

从图 9-2 可以看出，不同碱化度的土壤，小麦的出苗率不一样。随着碱化度的升高，出苗率明显降低，碱化度为 28%的时候，出苗率为 50%，可见，它是一个转折点，同时这一现象与碱化土壤的物理性质恶化趋势相同。同时亦说明，当土壤的碱化度大于 28%时，土壤必须进行化学改良，否则不能从事农业生产。

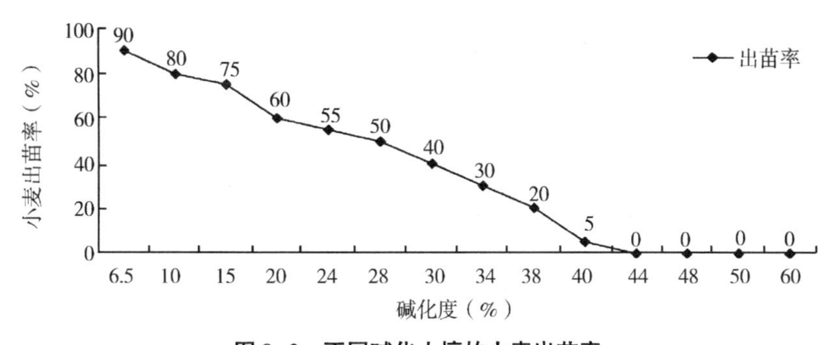

图 9-2 不同碱化土壤的小麦出苗率

9.2.4 小麦出苗、生长整齐率的测定

9.2.4.1 小麦出苗整齐率的测定

以播种后 4 天时间作为一个测量标准，测定小麦出苗的整齐率，

见表9-8。

表9-8 小麦出苗整齐率 (%)

碱化度	6.5	10	15	20	24	28	30
整齐率	100	100	93.30	83.30	72.70	50	37.50
碱化度	34	38	40	44	48	50	60
整齐率	16.70	0	0	0	0	0	0

从表9-8可以清楚地看出，整体情况是随着碱化度的增高，出苗整齐率在逐渐下降，这说明土壤碱化的程度不仅影响小麦的出苗率，也在控制着出苗的整齐程度。更直观地从坐标图上看出，在碱化度10%~24%时，出苗整齐率呈现以10%的速度递减，较有规律，而在碱化度28%的时候，出苗整齐率骤然滑落到50%，以后下降的速度更快。这证明28%是个拐点，也就意味着碱化度高于28%的时候，作物将严重减产，从而再一次证明了，碱化度大于28%的土壤必须进行改良，否则将直接影响到作物的产量。

9.2.4.2 小麦生长整齐率的测定

根据小麦一生的生长时期分为出苗期、分蘖期、拔节期、孕穗期、抽穗期、花期、成熟期，选取了拔节期作为试验测定的内容。以播种后的40天作为测定标准，观察每株小麦的拔节数，依此简单地评定小麦的生长整齐度[26]。

图9-3表明，在碱化度6.5%~20%的时候，作物的生长并没有受到影响，拔节数和正常小麦一样。到了碱化度24%和28%时，拔节数降低了一节，说明小麦已经开始出现生长缓慢的现象，但并不很严重。而过了28%以后，拔节数一下急转而下，减少到两节甚至是一节，这就证明碱化度28%是个临界线，一旦超过了，作物的生长速度将受到严重的抑制，作物一直停滞在拔节前期，将导致作物大量减产。

9.2.5 小麦健康状况、死亡率的测定

9.2.5.1 小麦健康状况的测定

用眼睛观察，直观地可以看出，小麦植株的高度和小麦的发育状

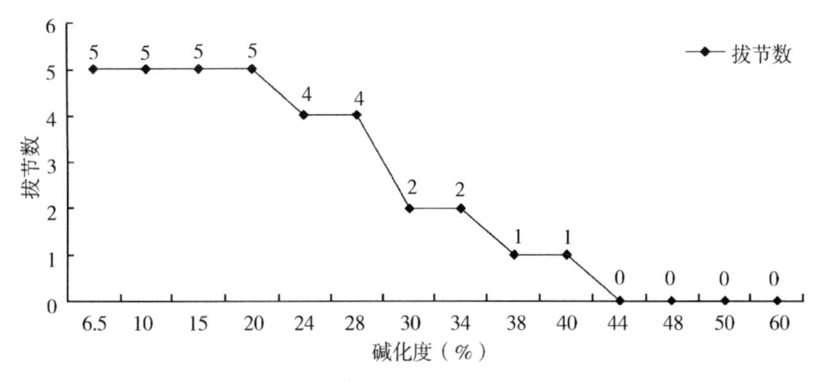

图 9–3 不同碱化土壤小麦拔节数

况可以作为衡量小麦是否健康的标准[13]。先量取每一株小麦的植株高，从土壤表面到植株顶的距离，然后算出每盆小麦的平均高度，最后统计每株小麦有几处变黄、变蔫（表 9–9）。

从表 9–9 可以看出，随着碱化度的上升，小麦的平均高度也越来越低，这一点与小麦的生长整齐率相一致。同时，小麦发黄的叶片数、发黄的部位也在逐渐增加，而且发黄的部分由下而上越靠近土壤的颜色越黄。试验结果证实，最先长出的叶子一直伴随后来新生叶的成长，吸收的土壤有害物质最多，所以最先变黄。随着作物的生长，会使越来越多的部分变黄，最后导致死亡。而且变化加剧点又是在碱化度大于 28% 的时候，这又一次说明 28% 是个转折点，在它之后，必须进行土壤改良。

表 9–9 小麦健康状况

碱化度（%）	6.5	10	15	20	24	28	30	34	38	40	44	48	50	60
平均高度（cm）	29	26	24	21	19	14	8	10	5	5	0	0	0	0
黄叶数（片）	无	无	2	2	2	2	整株	整株	整株	整株				

9.2.5.2 小麦死亡率的测定

在收割前，对小麦死亡率的测定，对碱土的改良有重要的意义[3,6]。在一定的时间内，随着碱化度的升高，作物的死亡率也越来越高，两者呈正相关（图 9–4）。

在碱化度28%以前，坐标图上的曲线比较平滑，而到了28%以后，曲线突然变陡，与前面曲线形成一个折线，折点就是28%。当然这说明，碱化度高于28%的土壤不适宜种植作物，会出现大面积死亡的现象，甚至是不毛之地。

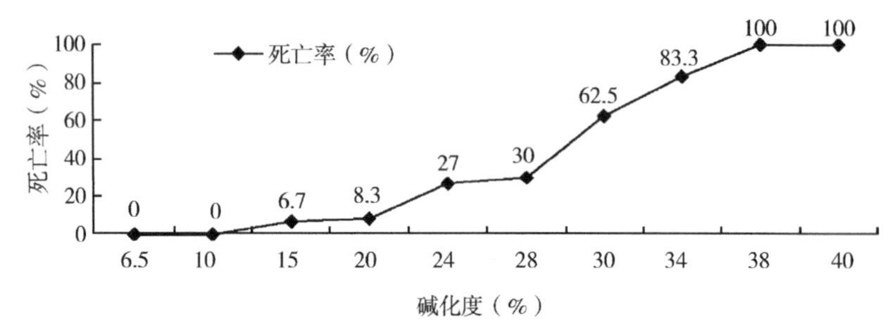

图9-4　不同碱化土壤小麦死亡

9.2.6　小麦收割后鲜重和干重的测定

试验结果（表9-8和图9-5）表明，随着土壤碱化度的升高，小麦的出苗率降低，小麦的鲜重和干重也显著减少。当碱化度大于28%时，减小的幅度明显增大，小麦的生长受到抑制。说明了碱化度确实是影响作物正常生长的核心部分。不同碱化度的条件下生物量的变化不完全是渐进的，而是中间一个突变，这个突变点还是28%。

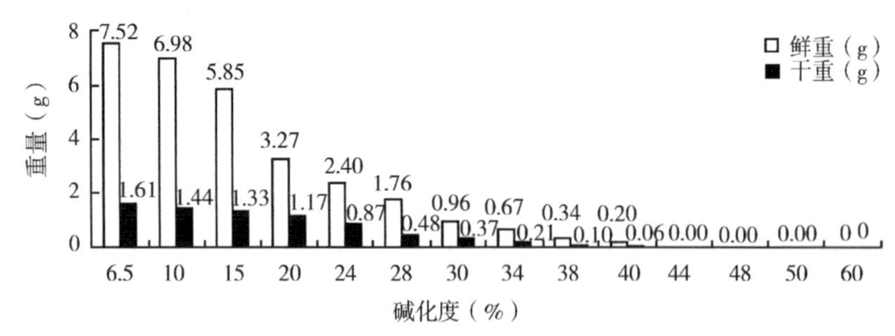

图9-5　不同碱化土壤小麦的鲜重、干重

9.2.7 土壤 pH 值的测定

土壤 pH 值是碱化土壤一个重要的化学指标，pH 值大于 8 会严重影响作物的正常生长和发育，并可导致作物死亡。同时，测定土壤悬液的 pH 值往往要高于土壤滤液的 pH 值，这是因为土壤胶体也会影响土壤的 pH 值。在小麦收割后，从每个花盆中称取相同重量的土壤，加一定量的蒸馏水，取上清液测定土壤的 pH 值。要注意的是，土壤悬液的 pH 值往往要高于土壤滤液的 pH 值，这是因为土壤胶体也会影响土壤的 pH 值（表 9-10）。

表 9-10 不同碱化度 pH 值的变化

碱化度（%）	6.5	10	15	20	24	28	30
pH 值	8.07	8.23	8.35	8.68	8.8	8.95	9.14
碱化度（%）	34.00	38.00	40.00	44.00	48.00	50.00	60.00
pH 值	9.27	9.47	9.57	9.63	9.78	9.87	10.07

从表中数据可以看出，随着碱化度的增加，土壤的 pH 值升高，并且碱化度大于 28%时，土壤的 pH 值超过 9。这说明碱化度升高土壤的化学性质变恶劣，是一个从量变到质变的转折点。

9.3 土壤碱化度结论

由试验结果可以看出，土壤碱化度 28%是个重要的转折点，是确定土壤是否需要化学改良的一个衡量标准，也是确定生物改良与化学改良的一个分界点。土壤碱化度在低于 28%时，土壤的物理化学性质变化不大，对作物的影响并不很严重，可以不用化学改良剂，耕作和水利措施就可以使土壤得到改良并进行农业生产，但加入适量的石膏可以提高改良的速度和效果；土壤碱化度高于 28%时，土壤的理化性质趋向恶劣的速度加快，作物会出现生长缓慢，发育不良，甚至出现不坐苗、死苗以及生长出的作物被掐死、困死的现象，所以必须施用化学改良剂，否则无法进行农业利用。

参考文献

[1] 王旭，樊丽琴，李磊，等．种植方式和灌溉定额对碱化盐土及紫穗槐生长的影响［J］．农业工程学报，2020，36（5）：88-95.

[2] OH J，LI Y，MITRA R，et al. A Numerical Study on Dilation of a Saw-Toothed Rock Joint Under Direct Shear［J］. Rock Mechanics and Rock Engineering，2017，50（4）：913-925.

[3] 廖栩，杨帆，王志春，等．腐解秸秆和脱硫石膏添加对苏打盐渍土淋洗脱盐效率的影响［J］．土壤与作物，2020，9（1）：74-82.

[4] ADELAIDE CICCARESE，ANNA MARIA STELLACCI，GIOVANNI GENTILESCO，et al. Effectiveness of pre-and post-veraison calcium applications to control decay and maintain table grape fruit quality during storage［J］. Postharvest Biology and Technology，2013，75：135-141.

[5] 焦艳平，康跃虎，万书勤，等．干旱区盐碱地滴灌土壤基质势对土壤盐分分布的影响［J］．农业工程学报，2008（6）：53-58.

[6] 王立志，陈明昌，张强，等．脱硫石膏及改良盐碱地效果研究［J］．中国农学通报，2011，27（20）：241-245.

[7] 刘奕媺，于洋，方军．盐碱胁迫及植物耐盐碱分子机制研究［J］．土壤与作物，2018，7（2）：201-211.

[8] LI J，HAN J. Transport Characteristics of Soil Salinity in Saline-alkali Land under Water Storage and Drainage Conditions［J］. Asian Agricultural Research，2015，7（9）：65-69，72.

[9] 王嘉航，杨培岭，任树梅，等．脱硫石膏配合淋洗改良碱化土壤对土壤盐分分布及作物生长的影响［J］．中国农业大学学报，2017，22（9）：123-132.

[10] 李映龙，单守明，刘成敏，等．土施脱硫石膏对盐碱地“赤霞珠”葡萄生长发育和果实品质的影响［J］．北方园艺，2018（15）：65-69.

[11] 李新举，张志国，李永昌．秸秆覆盖对盐渍土水分状况影响的模拟研究［J］．土壤通报，1999（4）：33-34.

[12] 王若水，康跃虎，万书勤，等．盐碱地滴灌对新疆杨生长及土壤盐分分布影响［J］．灌溉排水学报，2012，31（5）：1-6.

[13] VIJAYASATYA N. CHAGANTI，DAVID M. Crohn，Jirka Šimůnek. Leaching and reclamation of a biochar and compost amended saline-sodic soil with moderate SAR reclaimed water［J］. Agricultural Water Management，2015，158：255-265.

[14] POONIA S R，BHUMBLA D R. Effect of gypsum and calcium carbonate on plant yield and chemical composition and calcium availability in a non-saline sodic soil［J］. Plant and Soil，1973，38（1）：71-80.

[15] 王旭，何俊，孙兆军，等．脱硫石膏糠醛渣对碱化盐土入渗及盐分离子的影响研究［J］．土壤通报，2017，48（5）：1210-1217.

[16] 王金满，杨培岭，付梅臣，等．脱硫副产物改良苏打碱土的田间效应分析［J］．灌溉排水学报，2008（2）：5-8.

[17] 姜同轩，陈虹，张玉龙，等．脱硫石膏不同施用量对盐碱地改良安全性评价［J］．新疆农业科学，2019，56（3）：438-445.

[18] YU HAOLIANG，YANG PEILING，LIN HENRY，et al. Effects of Sodic Soil Reclamation using Flue Gas Desulphurization Gypsum on Soil Pore Characteristics，Bulk Density，and Saturated Hydraulic Conductivity［J］. Soil Science Society of America Journal，2014，78（4）：1201-1213.

[19] 刘东洋，黄超，刘娟，等．脱硫石膏不同施用深度对盐碱土壤改良效果的影响［J］．新疆农业大学学报，2017，40（4）：301-307.

[20] 李焕珍，徐玉佩，杨伟奇，等．脱硫石膏改良强度苏打盐渍土效果的研究［J］．生态学杂志，1999（1）：26-30.

[21] 肖国举，张萍，郑国琦，等．脱硫石膏改良碱化土壤种植枸杞的效果研究［J］．环境工程学报，2010，4（10）：2315-2320.

[22] Kelley W P．盐碱土［M］．北京：科学出版社，1959.

[23] 赵锦慧，乌力更，红梅，等．石膏改良碱化土壤中所发生的化学反应的初步研究［J］．土壤学报，2004（3）：484-488.

[24] 王金满，杨培岭，任树梅，等．烟气脱硫副产物改良碱性土壤过程中化学指标变化规律的研究［J］．土壤学报，2005（1）：98-105.

[25] 朱兆良．我国土壤供氮和化肥氮去向研究的进展［J］．土壤，1985（1）：2-9.

[26] 习金根，周建斌，赵满兴，等．滴灌施肥条件下不同种类氮肥在土壤中迁移转化特性的研究［J］．植物营养与肥料学报，2004（4）：337-342.

10 烟气脱硫石膏改良碱土大田试验

10.1 试验区概况

本项目区选在昌吉市典型碱化土壤分布区昌吉市奇台县草原站。试验区地处温带半干旱草原生物气候带，气候特征是干旱少雨，干燥度大，春秋季多风干旱；天然植被以碱化、盐化植被为主；地下水位一般变动在 2~3m，地下水以硫酸钠、氯化钠为主，并且普遍含有苏打；地下水本身受多种来源水的补给、分隔，使地下水矿化度、矿化类型表现出明显差异，造成土壤盐化、碱化分布不均匀，相应形成复杂多变盐化、碱化土壤，并多呈交错分布[1]。

10.2 试验区土壤性状调查分析

试验区土壤调查内容有土壤盐分组成和含盐量、土壤碱化度、土壤酸碱度、土壤碳酸钠含量、土壤盐化程度及土壤交换性能等分布特征，并绘制 1∶300 等高距为 0.1m 的地形图。通过采集土壤剖面样，18 个 0~20cm 和 20~40cm 多点混合样进行定位测试分析，对试验区土壤性状进行全面系统分析，并区分土壤不同碱化程度、盐化程度、酸碱程度等分布区块，并绘制出相应图件。室内模拟试验主要是研究副产物对土壤性状指标的改良机理和作用程度[2-4]。

从土壤性状调查分析看，本试验区土壤盐分类型主要以硫酸钠、氯化钠和碳酸钠为主，盐分含量一般小于 6g/kg；土壤碳酸钠含量与土壤 pH 值分布趋势相一致，pH 值一般在 8.5~9.5，最高 pH 值为 9.77，只有局部地块土壤 pH 值在 8.0~8.5；土壤碱化度普遍较高，大部分地块超过 15%，有 1/4 地块超过 40%，最高达到 79.2%。

总体上看，试验区以土壤碱化和碱土为主要特征，所以改良方向和技术措施应紧紧围绕消除碱害为主攻方向。

10.3　田间试验方法

10.3.1　试验小区设置

试验区用地 2.67hm^2（40 亩），共划分 18 个试验小区，每小区用地 2 亩左右，顺序为从北向南，耕作方向为东西方向。按不同碱化程度设置三个类型，即轻度碱化（7-13 小区），中度碱化（2-6 小区），重度碱化与碱土（14-19 小区）类型，对照区共设 4 个小区，即 3 号、9 号、11 号、17 号小区（图 10-1）。

1			
2		中度碱化	
3	对照区	中度碱化	N
4		中度碱化	↑
5		中度碱化	
6		中度碱化	
7		轻度碱化	
8		轻度碱化	水
9	对照区	轻度碱化	
10		轻度碱化	
11	对照区	轻度碱化	渠
12		轻度碱化	
13		轻度碱化	
14		重度碱化	
15		重度碱化	
16		重度碱化	
17	对照区	重度碱化	
18		重度碱化	
19		重度碱化	

图 10-1　试验小区示意

10.3.2　改良剂施用量确定

本项目试验主要依据室内模拟试验中提出的引起碱化土壤不仅是

交换性钠，而且交换性镁和土壤溶液中苏打均是引起土壤碱化的因素[5]。因此，改良碱化土壤中施用改良剂应同时计算交换性钠、交换性镁和土壤溶液中苏打消耗改良剂数量。除此之外，还要研究不同改良深度对改良效果的持续性和稳定性。本试验中设置了 0~20cm 计划改良层和 0~40cm 计划改良层试验，并且设置了春季和夏季施用改良试验区，改良剂于 2017 年春季和夏季一次分别施入。计算改良剂先按需钙量，再折算出改良剂需要量（表 10-1）。

表 10-1　试验区脱硫石膏施用量及施用方法

序号	地块编号	改良剂施用情况
1	空地	
2	1500	0~20cm 上层春季施用改良剂
3	对照	
4	2230	0~20cm 上层春季施用改良剂
5	1212	0~20cm 上层春季施用改良剂
6	1314	0~20cm 上层春季施用改良剂
7	2067	0~20cm 上层春季施用改良剂
8	1833	0~20cm 上层春季施用改良剂
9	对照	
10	1610	0~20cm 上层春季施用改良剂
11	对照	
12	1312	0~20cm 上层春季施用改良剂
13	1232	0~20cm 上层春季施用改良剂
14	1560	0~20cm 上层夏季施用改良剂
15	3214	0~20cm 上层夏季施用改良剂
16	4708	0~20cm 上层夏季施用改良剂
17	对照	
18	3854	0~20cm 上层夏季施用改良剂
19	4030	0~20cm 上层夏季施用改良剂

10.3.3 改良剂施用技术方法

碱化土壤分布呈不均匀的分布，并且常与盐化土壤呈插花交错分布。因此，施用方法上就不能平均分配施用，而应该以不同碱化程度按斑块分布大小计算施用量[6-9]。所以试验区按图斑分块施入改良剂。施用技术也是影响改良效果的重要因素[10]，本次试验采用按图斑撒施地表，用旋耕犁翻耕混合，使其与土壤充分混合，然后灌溉溶解改良剂，使其与土壤作用。为加速石膏溶解，又要控制地下水位，灌溉水量控制在150m^3/亩，并且用梯形水堰控制计算。0~40cm 改良层施用量较大，采用 1 月内灌溉 2 次，以达到加速改良效果。

10.4　田间改良试验效果分析

10.4.1　田间试验种植安排及田间管理

为研究碱化土壤改良中农作物或牧草生长状况和适应性反应，确定必须选择在当地气候、生产条件下能产生效益，同时能指导试验区种植方向的作物[11-13]。所以，田间改良试验中种植饲料作物、粮食作物和牧草。

田间管理基本与当地田间管理相同。处理区与对照区仅是有与无施用改良剂，其他管理水平均一致。2017 年未施有机肥，2018 年未施有机肥，且无灌溉，2019 年未施追肥，并且雨水多无灌溉，田间中耕除草每年 2 次。各试验区种植情况及田间管理见表 10-2。

表 10-2　试验各小区作物种植及田间管理

年度	2-6 号小区	7-12 号小区	施肥及田间管理
2017 年	种植饲料玉米，品种东林白，播种量 4.5kg/亩，播期 5 月 15 日	种植草木樨，二年生，播种量 1.5kg/亩，播期 5 月 16—17 日	中肥磷酸二铵 10kg/亩，玉米中期追肥（尿素）15kg/亩，灌溉两次，中耕除草两次，草木樨灌溉一次，中耕除草一次
2018 年	2-18 号小区全部种植饲料玉米，品种为英国红，播种量 6kg/亩，播期 5 月 11 日		施有机肥 500kg/亩，施种肥磷酸二铵 12kg/亩，中期雨季追施尿素 17.5kg/亩，中耕除草两次，当年无灌溉

（续表）

年度	2-6 号小区	7-12 号小区	施肥及田间管理
2019 年	2-9 号小区全部种植粮食玉米，品种为哲单 7 号，播种量 1.75kg/亩，播期 5 月 13 日，地膜覆盖		施有机肥 1 000kg/亩，种肥磷酸二铵 12.5kg/亩，中耕除草两次，当年无灌溉

10.4.2 田间生产与产量对比分析

从 2017 年施用改良剂后 3 年田间试验效果看，施用改良剂的处理区作物出苗率明显提高，并且作物后期长势明显好于对照区。2017 年轻度碱化改良区种植为草木樨，处理区平均出苗率为 77.5%，对照区平均出苗率为 65%；中度碱化改良区种植饲料玉米，处理区平均出苗率为 60.3%，生物产量平均为 4 370kg/亩，对照区平均出苗率为 10.8%，生物产量平均为 574.1kg/亩；处理区株高比对照区平均高出 15~20cm，田间总体长势处理区明显好于对照区。2018 年试验小区 2-13 号是施用改良剂种植的第二年，14-18 号小区是施用改良剂种植的第一年，当年各小区全部种植饲料玉米（英国红）。施用改良剂小区（处理区）与对照小区相比，田间出苗率、总体长势差异非常明显，同 2017 年完全相同。轻度碱化土壤改良处理区平均出苗率 98%，生物产量为 5 624.8kg/亩，而对照区平均出苗率 89%，生物产量为 5 294.6kg/亩；中度碱化土壤改良处理区平均出苗率为 93%，生物产量为 4 420.1kg/亩，而对照区平均出苗率为 60%，生物产量为 2 173.1kg/亩；重度碱化和碱土改良处理区平均出苗率为 67.3%，生物产量平均为 2 868.8kg/亩，而对照区平均出苗率仅为 8.8%，生物产量仅为 498.9kg/亩。2019 年试验小区 2-13 号施用改良剂进入第三年，14-19 号小区施用改良剂进入第二年，所有小区全部种植食用玉米（哲单 7 号），从处理区与对照区田间长势仍然表现出明显差异，尤其是重度碱化土壤与碱土表现得更为显著。轻度碱化土壤处理区出苗率为全苗，玉米籽粒产量平均为 638.9kg/亩，而对照区平均出苗率为 91%，玉米籽粒产量平均为 429.3kg/亩；中度碱化土壤改良处理出苗率为全苗，玉米籽粒产量平均为 652.0kg/亩，对照区平均出苗率为 89.9%，玉米籽粒平均产量为 364.1kg/亩；重度碱化土壤和碱土改良处理区平均出苗率为 93.3%，籽粒平均产量为 486.7kg/亩，而对照区平均出苗率仅为 25%，玉米籽粒产量平均为 41.4kg/亩，2019 年田间各小区产量见表 10-3。

表 10-3　试验各小区测产记录（2019 年）

小区编号	平方米株数			缺苗面积 (m^2)	亩株数	双棒籽粒鲜重 (g)	标准重量 (g)		双棒系数	亩结棒数	产量 (kg/亩)
	一次	二次	三次				双棒重	单棒重			
2	8	6	7	-	4 669	290.2	258.3	129.1	1.03	4 809	621.0
3	5	5	5	44	3 115	260.0	227.0	113.5	1.03	3 208	364.1
4	7	6	6.5	-	4 335	386.2	336.4	168.2	1.03	4 465	751.0
5	5	5	5	-	3 335	403.8	340.0	170.0	1.03	3 435	584.0
6	5	5	5	-	3 335	517.1	437.5	218.7	1.03	3 435	751.3
7	4	6	5	-	3 335	596.3	493.7	246.9	1.03	3 435	848.0
8	3	5	4	-	2 668	397.4	331.8	165.9	1.03	2 748	455.0
9	2	4	3	-	2 001	514.0	433.8	216.9	1.03	2 061	447.0
10	6	5	5.5	-	3 668	366.8	298.7	139.4	1.03	3 778	564.3
11	3	4	3.5	120	1 914	474.0	417.6	208.8	1.03	1 917	411.5
12	4	6	5	-	3 335	557.1	486.9	243.5	1.03	3 435	836.2
13	5	5	5	-	3 335	356.0	285.9	142.9	1.03	3 435	491.0
14	5	5	5	-	3 335	542.6	435.7	271.8	1.03	3 435	748.1
15	4	7	5.5	-	3 668	402.7	351.6	175.8	1.03	3 778	664.2
16	5	3	4	-	2 668	425.3	358.1	179.0	1.03	2 748	491.9
17	2	2	2	500	334	262.7	240.6	120.3	1.03	344	41.4
18	4	4	4	-	2 668	478.9	407.1	203.5	1.03	2 748	559.3
19	5	3	4	133	2 136	446.3	371.8	185.9	1.03	2 200	409.0

注：小区编号 3、9、11 和 17 为对照区（为施脱硫石膏改良剂）。

从 3 年田间改良试验结果看，2017 年处理区比对照区出苗率提高 23.5%~64.1%，生物产量提高 313%~932%；2018 年处理区比对照区出苗率提高 30%~40%，生物产量提高 78%~114%；2019 年处理区比对照区出苗率提高 10%~75%，籽粒产量提高 48.8%~79.1%，重度碱化土壤和碱土改良对照区几乎是绝产绝收。通过试验结果看出，总体上土壤碱化程度越高，改良效果越明显，但在盐化程度较高时，单纯施用改良剂效果较差一些，应配合灌溉洗盐措施才能表现出改良效果。

10.5 小结

（1）各环境材料组合能够显著降低土壤 pH 值及土壤 SAR，以处理 D（20kg 脱硫石膏+2kg 腐植酸）效果最好。尽管土壤中的全盐量有所增加，但降低了土壤中钠离子和氯离子的含量，进而调整离子组成结构，促进离子平衡，消除对植物生长有限制的单盐毒害作用，同时还能够增加许多对植物生长有利的元素如 Ca、S 等，增加植物的抗逆性。

（2）各环境材料组合对棉花生长均有不同程度的促进作用，处理 D（20kg 脱硫石膏+2kg 腐植酸）对棉花作物的促进作用最为明显，与对照组相比，该处理下株高、叶面积和鲜重分别增加 15.97%、3.65%和 8.16%。

参考文献

[1] 张芳．新疆奇台绿洲土壤碱化特征及遥感监测研究［D］．乌鲁木齐：新疆大学，2011.

[2] 岳殷萍，李虹谕，张伟华．脱硫石膏与腐植酸改良盐碱土的效果研究［J］．内蒙古科技与经济，2016（14）：85-87，89.

[3] JD OSTER. Gypsum usage in irrigated agriculture：A review Fertilizer Research［J］. Fertilizer Research，1982，3（1）：73-89.

[4] 吕建东，马帅国，田蓉蓉，等．脱硫石膏改良盐碱土对水稻产量及其相关性状的影响［J］．河南农业科学，2018，47（12）：20-27.

[5] 李焕珍，徐玉佩，杨伟奇，等．脱硫石膏改良强度苏打盐

渍土效果的研究 [J]. 生态学杂志, 1999 (1): 26-30.
[6] 王立志, 陈明昌, 张强, 等. 脱硫石膏及改良盐碱地效果研究 [J]. 中国农学通报, 2011, 27 (20): 241-245.
[7] LIU L P, LONG X H, SHAO H B, et al. Ameliorants improve saline-alkaline soils on a large scale in northern Jiangsu Province, China [J]. Ecological Engineering, 2015, 81: 328-334.
[8] 赵瑞. 煤烟脱硫副产物改良碱化土壤研究 [D]. 北京: 北京林业大学, 2006.
[9] 石元春. 黄淮海平原的水盐运动和旱涝盐碱的综合治理 [M]. 石家庄: 河北人民出版社, 1983.
[10] 赵锦慧. 对石膏改良碱化土壤过程中发生的化学过程和物理过程的研究 [D]. 呼和浩特: 内蒙古农业大学, 2001.
[11] 黄菊莹, 余海龙, 孙兆军, 等. 添加燃煤脱硫废弃物和专用改良剂对碱化土壤和水稻生长的影响 [J]. 干旱地区农业研究, 2011, 29 (1): 70-74.
[12] 房宸, 苏德荣, 端韫文, 等. 脱硫石膏与灌溉耦合对滨海盐碱土化学性质的影响 [J]. 水土保持学报, 2012, 26 (5): 59-63.
[13] 樊丽琴, 杨建国, 尚红莺, 等. 脱硫石膏施用下宁夏盐化碱土水盐运移特征 [J]. 水土保持学报, 2017, 31 (3): 193-196.

11 烟气脱硫石膏对碱土 N、P、K 有效含量的影响

碱土除了不良的物理性状和较高的碱性外，土壤有效养分较低也是影响作物生长的障碍因素之一[1-4]。碱土由于 pH 值常高于 8.5，土壤微生物活性降低，使土壤微量元素养分转化速度变缓，或形成难溶性化合物，或被黏土矿物固定，使养分有效化含量降低[5,6]。所以，碱土的改良不仅要改善土壤物理性状，而且还要培肥土壤，才能达到改良的目标。

11.1 试验材料

研究试验材料取自奇台县草原站农田区土壤，土壤质地为轻黏土，属于碱土类型（以下简称碱土），对比研究试验材料取自奇台县奇台罐区土壤，土壤质地为轻壤，属于潮土类型（以下简称非碱化土）。试验所用烟气脱硫石膏产自奇台县国信电厂，主要成分为石膏（$CaSO_4 \cdot 2H_2O$）。

试验所用盆体盆口内直径为 15cm，盆底内径为 10cm，盆深为 12cm，盆底带孔，为防止漏水和待试土壤，将盆底用胶带粘住。

试验用脱硫石膏 $CaSO_4 \cdot 2H_2O$ 含量为 88.51%，含水量 6.0%，pH 值为 8.63。为在试验前了解材料是否含有试验研究成分，特对试验用脱硫石膏的碱解氮、速效磷、速效钾等成分进行了分析（表 11-1）。

表 11-1　供试材料的基本成分　(mg/kg)

供试材料	碱解氮	速效磷	速效钾
脱硫石膏	14.15	23.37	0.00

从表 11-1 可知，试验用脱硫石膏含有一定量的碱解氮、速效

钾，这些成分在试验时可能随着脱硫石膏的施用进入土壤中，所以对加入的各成分进行换算，在测定结果后，将各成分的数值减去试验材料中带进的数量（表 11-2），从而得出改良后土壤的各成分值。

表 11-2　脱硫石膏每亩进入土壤中养分数量　（mg/kg）

施用量（kg/亩）	碱解氮	速效磷	速效钾
0	0	0	0
800	0. 058	0	0. 094
1 000	0. 071	0	0. 117
1 500	0. 106	0	0. 175
2 000	0. 142	0	0. 234
3 000	0. 212	0	0. 350
4 000	0. 284	0	0. 468

注：土壤深度按 0~40cm，土壤容重为 1. 47g/cm^3。

11. 2　试验方法与设计

试验采用室内模拟试验研究方法，分别对碱土非碱土进行试验。设置 15 天和 30 天 2 个时间因素，施用脱硫石膏 0g/kg、4g/kg、5g/kg、7. 5g/kg、10g/kg、15g/kg、20g/kg 七个处理，即相当于田间用量为 0kg/亩、800kg/亩、1 000kg/亩、1 500kg/亩、2 000kg/亩、3 000kg/亩、4 000kg/亩。每个处理两次重复，将待试样品装入花盆后，对待试样品进行浇水。第一次浇水 300mL，相当于每亩浇水 60m^3。在第 15 天时取第一批样品，进行测定各项试验指标，并对第二批样品浇水 300mL，在第 30 天时取第二批样品，测定各项试验指标。

研究中测试分析采用国标方法。土壤 pH 值采用 pH 计测定，土水比为 1∶1；土壤碱解氮的测定采用碱解扩散法；有效磷的测定用 0. 5mol/L $NaHCO_3$ 浸提-钼锑抗比色法；速效钾采用 NH_4OAc 浸提-火焰光度法[7-9]。

11.3 结果与分析

在土壤的各种营养元素中，氮、磷、钾三种元素是作物需要量和收获时带走较多的营养元素[10]。而土壤中的氮、磷、钾三种元素的有效性受土壤有机质、酸碱度、土壤矿物母质类型、微生物活性和土壤水分等因素的控制，而土壤的酸碱度又是这些影响因素中较为重要的影响因素[11-13]。一般认为土壤的 pH 值在中性附近时，土壤的有效氮含量最高；pH 值在 6~7 时，土壤的有效磷含量为最高；而对于钾元素来说，酸性土壤对钾的固定小于碱性土壤[14]。

11.3.1 脱硫石膏对土壤氮有效化的影响

土壤中氮素的有效化程度受土壤酸碱度、微生物活性和水分等因素的控制，在土壤水分含量相同时，土壤的酸碱程度不同直接影响土壤有效氮的转化过程，从而影响有效氮含量的高低[13]。一般认为土壤 pH 值在中性附近时，土壤有效氮含量最高[15]。

11.3.1.1 脱硫石膏对碱土氮有效化的影响

表 11-3 是在碱土中施用不同量硫石膏，不同时间碱土有效氮含量的变化情况。从表中可以看出，施用脱硫石膏后碱解氮的含量随着脱硫石膏使用量的增加而呈现增加的趋势，而且碱解氮的含量随着施用脱硫石膏时间的增加而呈现增加的趋势。

表 11-3　不同脱硫石膏施用量碱土碱解氮含量的变化

指标	时间（天）	施用量（kg/亩）						
		0	800	1 000	1 500	2 000	3 000	4 000
pH 值	15	8.12	7.94	7.88	7.89	7.92	7.94	7.95
	30	8.08	7.85	7.82	7.80	7.86	7.85	7.91
碱解氮（mg/kg）	15	29.6	27.3	27.1	28.9	28.8	29.7	29.8
	30	29.2	31.2	31.9	33.4	34.3	34.5	38.5

由图 11-1 可以看出，不同的处理中都增加了有效氮的含量，而且脱硫石膏施用量越大，碱解氮含量就越多。随着脱硫石膏施用量的递

增，15 天的土壤碱解氮含量则从 27.6mg/kg 逐渐递增到 29.8mg/kg。30 天土壤的碱解氮含量从 29.2mg/kg 逐渐递增到 38.5mg/kg。同时图 11-1 还显示，30 天与 15 天后的土壤碱解氮含量呈增加的趋势。由此可以看出，随着脱硫石膏施用量的增加，碱解氮含量也增加，碱解氮含量的增加是因为土壤 pH 值的变化引起的，随着脱硫石膏施用量的增加，土壤 pH 值减小，微生物活性增加，促进了土壤中碱解氮的分解，从而使土壤碱解氮含量逐步提高。当土壤 pH 值接近 7 时，土壤碱解氮含量最高。

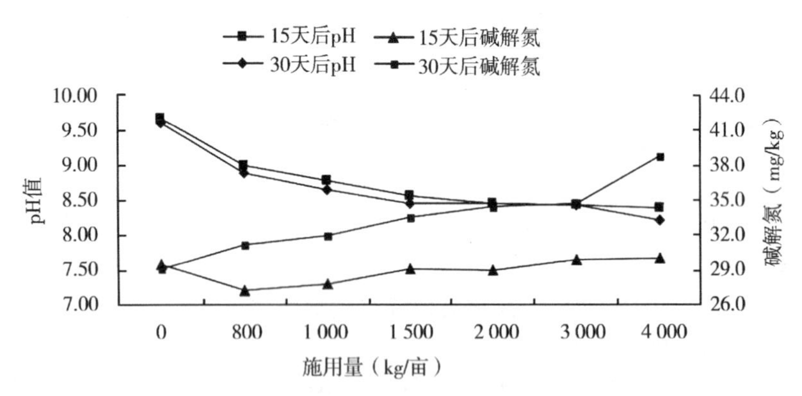

图 11-1　脱硫石膏施用下碱解氮含量的变化

表 11-4 的方差分析结果表明，15 天时，各个处理间的差异不显著；30 天时，处理 1 与其他处理差异显著，处理 1 与处理 7 的差异极显著，处理 7 比处理 1 的碱解氮含量高 32.12%；处理 5 比处理 1 的碱解氮含量高 17.89%。这个分析结果表明，脱硫石膏施用以后，土壤碱解氮的含量呈上升趋势，而且在施用脱硫石膏 2 000kg/亩时，改良效果很明显。而随着脱硫石膏施用量继续增加，改良效果与 2 000kg/亩时的改良效果变化不大。

表 11-4　不同脱硫石膏施用量碱土碱解氮含量显著性分析

指标	时间（天）	施用量（kg/亩）						
		0	800	1 000	1 500	2 000	3 000	4 000
处理		1	2	3	4	5	6	7

（续表）

指标	时间（天）	施用量（kg/亩）						
		0	800	1 000	1 500	2 000	3 000	4 000
碱解氮（mg/kg）	15	a	a	a	a	a	a	a
	30	d	cd	bcd	bc	b	b	a

注：同行字母相同，表示差异不显著（$P>0.05$）；同行字母不相同，表示差异显著（$P<0.05$）。

11.3.1.2　脱硫石膏对非碱土氮有效化的影响

表 11-5 是非碱土施用不同量脱硫石膏后，不同时间土壤碱解氮的变化情况。从表中可以看出，土壤碱解氮含量随着脱硫石膏的增加呈现先上升后下降变化，而且随着脱硫石膏施用后时间的增加，30 天与 15 天相比较，各处理的土壤碱解氮则呈现上升趋势。

表 11-5　不同脱硫石膏施用量非碱土碱解氮含量的变化

指标	时间（天）	施用量（kg/亩）						
		0	800	1 000	1 500	2 000	3 000	4 000
pH 值	15	8.12	7.94	7.88	7.89	7.92	7.94	7.95
	30	8.08	7.85	7.82	7.80	7.86	7.85	7.91
碱解氮（mg/kg）	15	52.9	61.5	58.7	56.6	53.5	52.4	53.2
	30	58.1	68.4	73.4	70.9	71.9	70.0	72.2

图 11-2 就很直观地表现出了这种趋势。随着脱硫石膏施用量的递增，15 天土壤的碱解氮含量呈先上升后下降的变化，从施用脱硫石膏 0 处理的 52.9mg/kg 逐渐增加到施用脱硫石膏 800kg/亩处理的 61.5mg/kg，然后又降低到施用脱硫石膏 4 000kg/亩处理的 53.2mg/kg。30 天的土壤碱解氮含量也呈现这样的变化。从施用脱硫石膏 0 处理的 58.1mg/kg 逐渐增加到施用脱硫石膏 1 000kg/亩处理的 73.4mg/kg，然后又降低到施用脱硫石膏 4 000kg/亩处理的 72.2mg/kg。而土壤 pH 值的变化情况刚好和土壤碱解氮的变化情况相反，呈现先下降后上升变化，这也再次证明了随着脱硫石膏施用量的递增，土壤 pH 值在减小，土壤碱解氮含量随着土壤 pH 值的减小而逐步提高，当土壤 pH 值接近

7时，土壤的碱解氮最高。

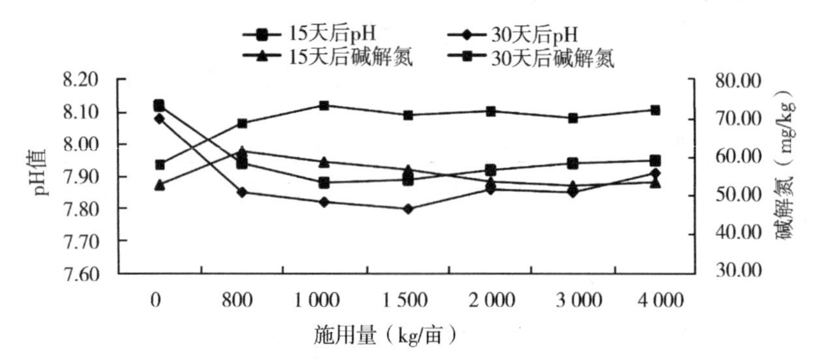

图 11-2　脱硫石膏施用下非碱土碱解氮含量的变化

表11-6的方差分析结果表明，15天时，处理2、3与其他处理的差异显著，处理2比处理1的碱解氮含量高16.16%；30天时，处理1与其他处理的差异显著，处理3比处理1的碱解氮含量高17.70%。这个分析结果表明，脱硫石膏施用以后，土壤碱解氮的含量呈先上升后下降趋势，且在施用800kg/亩时，影响效果最明显。而随着脱硫石膏施用量的增加，改良效果反而降低。

表 11-6　不同脱硫石膏施用量非碱土碱解氮含量显著性分析

指标	时间（天）	施用量（kg/亩）						
		0	800	1 000	1 500	2 000	3 000	4 000
处理		1	2	3	4	5	6	7
碱解氮	15	b	a	a	ab	b	b	b
	30	b	a	a	a	a	a	a

注：同行字母相同，表示差异不显著（$P>0.05$）；同行字母不同，表示差异显著（$P<0.05$）。

11.3.2　脱硫石膏对土壤磷有效化的影响

土壤磷素的有效性受土壤酸碱度、土壤矿物母质类型、微生物活性和土壤水分等因素的控制[16-18]。在特定的土壤条件下，土壤的酸碱程度不同直接影响土壤有效磷的转化过程，从而影响有效磷的高低。因此一般认为，pH 值在 6~7 时，土壤的有效磷含量为最高[19]。

11. 3. 2. 1 脱硫石膏对碱土磷有效化的影响

表 11-7 是碱土施用不同量脱硫石膏后，不同时间碱土速效磷的变化情况。从表可以看出，施过脱硫石膏后的碱土速效磷含量随着脱硫石膏施用量的增加呈现上升的趋势。而且碱土速效磷含量随着脱硫石膏施用后的时间增加，也呈现上升的趋势。

表 11-7 不同脱硫石膏施用量碱土速效磷含量的变化

指标	时间（天）	施用量（kg/亩）						
		0	800	1 000	1 500	2 000	3 000	4 000
pH 值	15	9. 68	9. 00	8. 79	8. 57	8. 45	8. 43	8. 39
	30	9. 61	8. 89	8. 65	8. 45	8. 46	8. 43	8. 21
速效磷（mg/kg）	15	4. 90	5. 40	5. 40	5. 70	5. 90	5. 90	6. 20
	30	5. 20	5. 50	5. 60	5. 70	6. 00	6. 30	6. 50

图 11-3 很直观地表现出上述趋势，不同处理中速效磷含量随着脱硫石膏施用量的增加而增加，同时还可以看出，30 天比 15 天处理过的土壤速效磷含量也有所增加。随着脱硫石膏的施入，使 15 天处理的土壤速效磷从施用脱硫石膏为 0 的 4. 9mg/kg 一直增加到施用量为 4 000kg/亩的 6. 2mg/kg。30 天处理的土壤速效磷从施用脱硫石膏为 0 的 5. 2mg/kg，一直增加到施用量为 4 000kg/亩的 6. 5mg/kg。所以可以看到，脱硫石膏对土壤速效磷的影响，随着脱硫石膏的增大，速效磷含量增加，随着脱硫石膏施用后时间的增加，速效磷含量增加。速效磷含量的增加与土壤 pH 值下降有关，因为 pH 值的下降减少了固磷作用，从而增加了有效磷的含量。

表 11-8 的方差分析结果表明，15 天时，处理 1 与处理 4、5、6、7 的差异显著，处理 7 的速效磷含量比处理 1 的速效磷含量高 25. 15%，而处理 4 与处理 5、6、7 的差异不显著，处理 4 比处理 1 的速效磷含量高 15. 82%；30 天时，处理 1 与处理 4、5、6、7 的差异显著，处理 7 的速效磷含量比处理 1 的速效磷含量高 26. 01%；处理 4 比处理 1 的速效磷含量高 14. 39%。这个分析结果可以看出，施用脱硫石膏以后，土壤速效磷的含量呈上升趋势，且在施用脱硫石膏

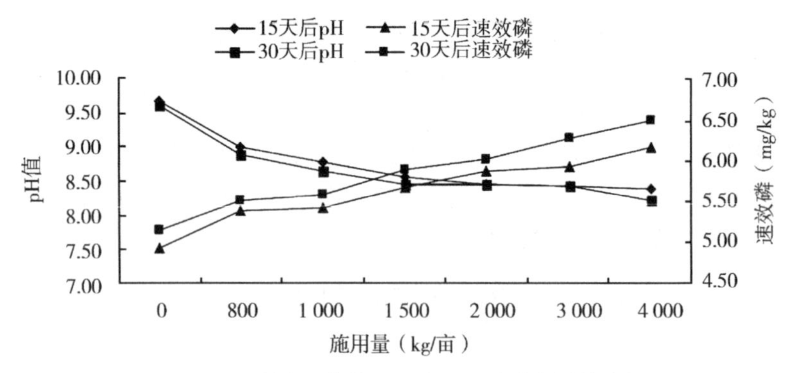

图 11-3　脱硫石膏施用下碱土速效磷含量的变化

1 500kg/亩时，改良效果很明显，而随着脱硫石膏施用量继续增加，改良效果与 1 500kg/亩处理的变化不大。

表 11-8　不同脱硫石膏施用量碱土速效磷含量显著性分析

指标	时间（天）	施用量（kg/亩）						
		0	800	1 000	1 500	2 000	3 000	4 000
处理		1	2	3	4	5	6	7
速效磷	15	c	bc	bc	ab	ab	ab	a
	30	c	bc	bc	bc	ab	a	a

注：同行字母相同，表示差异不显著（$P>0.05$）；同行字母不同，表示差异显著（$P<0.05$）。

11.3.2.2　*脱硫石膏对非碱土磷有效性的影响*

表 11-9 是在非碱土中施用不同量脱硫石膏后，不同时间土壤速效磷含量的变化情况。从表中可以看出，随着脱硫石膏施用量的增加，速效磷呈现先上升后下降的变化趋势，随着脱硫石膏施用后时间的增加，速效磷呈现上升趋势。

表 11-9　不同脱硫石膏施用量非碱土速效磷含量的变化

指标	时间（天）	施用量（kg/亩）						
		0	800	1 000	1 500	2 000	3 000	4 000
pH 值	15	8.12	7.94	7.88	7.89	7.92	7.94	7.95
	30	8.08	7.85	7.82	7.80	7.86	7.85	7.91

（续表）

指标	时间（天）	施用量（kg/亩）						
		0	800	1 000	1 500	2 000	3 000	4 000
速效磷（mg/kg）	15	28.9	31.6	31.7	31.7	31.7	30.8	29.2
	30	30.4	32.0	31.9	31.9	31.8	31.4	30.7

图 11-4 就很直观地表现出了这种趋势。随着脱硫石膏用量的递增，15 天的土壤速效磷含量变化从施用脱硫石膏为 0 的 28.9mg/kg 增加到 31.7mg/kg，然后又降低到 29.2mg/kg。30 天土壤的速效磷含量从施用脱硫石膏为 0 的 30.4mg/kg 增加到 32.0mg/kg，然后又降低到 30.7mg/kg。在与非碱土速效磷含量相比较，30 天比 15 天后的土壤速效磷含量亦呈增加的趋势，而在此期间，pH 值的变化情况刚好和土壤速效磷含量变化趋势相反，呈现先下降后上升的变化。这也可以再次看出：土壤速效磷含量变化与 pH 值的大小有关，pH 值的下降减少了固磷作用，从而增加了速效磷的含量。

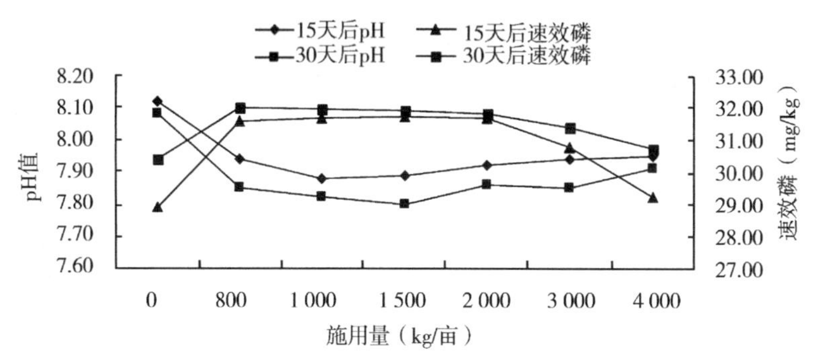

图 11-4　脱硫石膏施用量下非碱土速效磷含量的变化

表 11-10 的方差分析结果表明，15 天和 30 天时，各处理之间的差异没有达到显著水平，就是说随着脱硫石膏施用量的递增，虽然非碱土速效磷含量有所增加或降低，但是改良效果并不显著。

表 11-10　不同脱硫石膏施用量非碱土速效磷含量显著性分析

指标	时间（天）	施用量（kg/亩）						
		0	800	1 000	1 500	2 000	3 000	4 000
处理		1	2	3	4	5	6	7
速效磷	15	a	a	a	a	a	a	a
	30	a	a	a	a	a	a	a

注：同行字母相同，表示差异不显著（$P>0.05$）；同行字母不同，表示差异显著（$P<0.05$）。

11.3.3　脱硫石膏对土壤速效钾的影响

土壤钾的有效化过程受多种因素的影响[20]。土壤 pH 值、干湿条件、土壤阳离子交换量、土壤矿物类型等都是其影响因素，在土壤质地和水分条件相同的条件下，pH 值是影响速效钾的主要因素，一般来说酸性土壤对钾的固定小于碱性土壤[12,21-23]。

11.3.3.1　脱硫石膏对碱土速效钾的影响

表 11-11 是碱土施用不同量脱硫石膏后，不同时间土壤速效钾含量的变化情况。从表中可以看出，施过脱硫石膏后的土壤速效钾含量与对照土壤的速效钾含量间有着明显差异，随着脱硫石膏施用量的增加，土壤速效钾含量呈下降趋势，而且随着脱硫石膏施用后时间的增加，土壤速效钾含量亦呈下降趋势。

表 11-11　不同脱硫石膏施用量碱土速效钾含量的变化

指标	时间（天）	施用量（kg/亩）						
		0	800	1 000	1 500	2 000	3 000	4 000
pH 值	15	9.68	9.00	8.79	8.57	8.45	8.43	8.39
	30	9.61	8.89	8.65	8.45	8.46	8.43	8.21
速效钾（mg/kg）	15	198.3	194.4	189.4	188.9	187.3	186.9	183.6
	30	185.0	183.8	183.4	182.9	180.8	179.1	177.6

图 11-5 就很直观地表现出了这种趋势：随着脱硫石膏施用量的递增，经过 15 天处理的土壤速效钾含量从 0 的 19 8.3mg/kg 逐渐递减到 183.6mg/kg，经过 30 天土壤的速效钾含量从 0 的 185.0mg/kg

逐渐递减到177.6mg/kg。同时还可以看出，30天与15天后的土壤速效钾含量亦呈下降趋势。所以说，脱硫石膏在改良碱土时，对土壤速效钾的改良效果出现负效应。分析其原因，可能是在脱硫石膏高施用量时，土壤pH值降低明显，使土壤阳离子交换量降低，导致土壤速效钾含量降低；另一种原因可能是在脱硫石膏高施用量时，使得土壤由分散迅速转变成凝聚时，K离子被包被封闭起来，降低了活性，成为缓效钾；还有一种可能是在脱硫石膏高施用量时，土壤渗透性较明显改善，土粒内部脱水过程中，使K离子被土壤矿物层间穴位固定，失去活性，转变成缓效性钾的原故，导致土壤速效钾含量降低[2,4]。

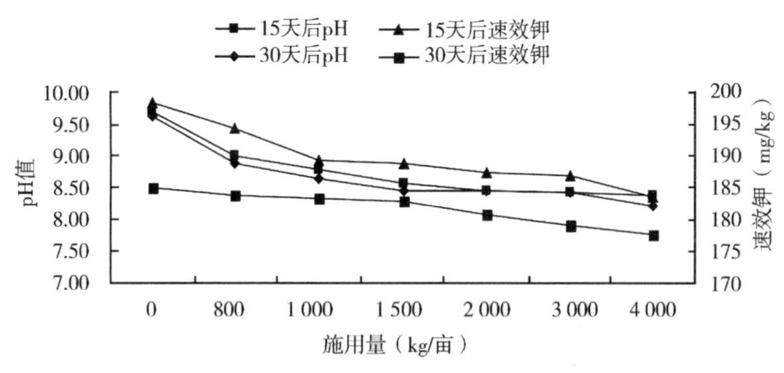

图11-5　石膏施用下碱土速效钾含量的变化

从表11-12的方差分析可以看出：15天和30天时，各处理之间的差异不显著。就是说，随着脱硫石膏施用量的递增，虽然碱土中土壤速效钾含量有所降低，但是，脱硫石膏对土壤速效钾影响效果并不显著。

表11-12　不同脱硫石膏施用量碱土速效钾含量显著性分析

指标	时间（天）	施用量（kg/亩）						
		0	800	1 000	1 500	2 000	3 000	4 000
处理		1	2	3	4	5	6	7
速效磷（mg/kg）	15	a	a	a	a	a	a	b
	30	a	a	a	a	a	a	a

注：同行字母相同，表示差异不显著（$P>0.05$）；同行字母不同，表示差异显著（$P<0.05$）。

11.3.3.2 脱硫石膏对非碱土速效钾的影响

表 11-13 是非碱土中施用不同量脱硫石膏后，不同时间土壤速效钾含量的变化情况。从表中可以看出，施过脱硫石膏后的土壤速效钾含量与对照土壤的速效钾含量间有明显差异，随着脱硫石膏施用量的增加，土壤速效钾呈先下降后上升的变化，而随着脱硫石膏施用后时间的增加，各处理的土壤速效钾含量则呈下降趋势。

表 11-13 不同脱硫石膏施用量非碱土速效钾含量变化

指标	时间（天）	施用量（kg/亩）						
		0	800	1 000	1 500	2 000	3 000	4 000
pH 值	15	8.12	7.94	7.88	7.89	7.92	7.94	7.95
	30	8.08	7.85	7.82	7.80	7.86	7.85	7.91
速效钾（mg/kg）	15	181.9	177.9	177.7	176.9	178.3	178.2	178.4
	30	178.5	177.2	176.9	176.9	177.1	177.9	177.9

从图 11-6 可以看出，在 15 天后，随着脱硫石膏施用量的增加，土壤的速效钾含量由 0 的 181.9mg/kg，逐渐降低至施入脱硫石膏 1 500kg/亩的 177.1mg/kg，但是当继续加入脱硫石膏时，速效钾含量则增加至施入脱硫石膏 4 000kg/亩的 178.8mg/kg，仍然比没有加入脱硫石膏的土壤速效钾低。在 30 天后，土壤的速效钾含量的变化仍然有这样的特点：由 0 的 178.5mg/kg 逐渐降低至加入脱硫石膏

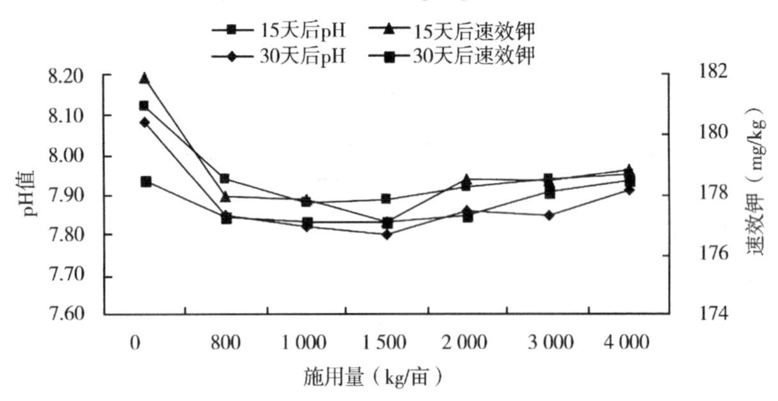

图 11-6 脱硫石膏施用下非碱土速效钾含量的变化

1 500kg/亩的 173. 3mg/kg，然后升高至每亩施用 4 000kg/亩脱硫石膏的 177. 1mg/kg。对照试验再次证明，在碱性土壤中，土壤速效钾含量下降可能与土壤的 pH 值下降有关，在碱性土壤中，速效钾的含量随着 pH 值下降而降低。

表 11-14 的方差分析结果表明，15 天和 30 天时，各个处理的差异都不显著，这说明非碱土速效钾含量的变化与是否使用脱硫石膏的关系不大。

表 11-14　不同石膏施用量非碱土速效钾含量显著性分析

指标	时间（天）	施用量（kg/亩）						
		0	800	1 000	1 500	2 000	3 000	4 000
处理		1	2	3	4	5	6	7
速效钾（mg/kg）	15	a	a	a	a	a	a	b
	30	a	a	a	a	a	a	a

注：同行字母相同，表示差异不显著（$P>0.05$）；同行字母不同，表示差异显著（$P<0.05$）。

11. 4　小结

（1）试验所用脱硫石膏能够降低碱土的 pH 值，而且在施用 1 500kg/亩时改良效果已达到显著水平，且脱硫石膏施用量越高，改良效果越明显；施用后时间越长，改良效果越明显。脱硫石膏对非碱土 pH 值的改良效果没有达到显著水平。

（2）脱硫石膏对碱土碱解氮的影响呈现正效应。施用脱硫石膏 15 天后对碱解氮影响没有达到显著水平。施用脱硫石膏 2 000kg/亩 30 天后，碱解氮含量提高 17. 89%；达到显著水平。随着施用量的增加，改良效果变化不大；施用时间越长，改良效果越明显。脱硫石膏对非碱化土壤碱解氮的影响呈现正效应，施用脱硫石膏 800kg/亩 15 天和 30 天后的碱解氮含量分别提高 16. 16%和 17. 70%，改良效果达到显著水平。而随着施用量的增加，改良效果反而降低；施用时间越长，改良效果越明显。

（3）脱硫石膏对碱土速效磷的影响呈现正效应。脱硫石膏施用量 1 500kg/亩 15 天和 30 天后的速效磷含量分别上升 15.82% 和 14.93%，改良效果达到显著水平。而随着施用量的增加，改良效果变化不大：施用后时间越长，改良效果越明显。脱硫石膏对非碱化土壤速效磷的改良效果没有达到显著水平。

（4）脱硫石膏对碱土速效钾的影响呈现微弱的负效应，而下降的趋势没有达到显著水平。脱硫石膏对非碱土速效钾的影响没有达到显著水平。

参考文献

[1] 陆景陵．植物营养学［M］．北京：北京农业大学出版社，1994：191-192.

[2] 杜雅仙，黄菊莹，康扬眉，等．脱硫石膏与结构改良剂配合施用对龟裂碱土理化性状和水稻生长的影响［J］．水土保持通报，2018，38（5）：46-51，57.

[3] 杨军，孙兆军，刘吉利，等．脱硫石膏糠醛渣对新垦龟裂碱土的改良洗盐效果［J］．农业工程学报，2015，31（17）：128-135.

[4] GORHAM F. Some mechanism of salt tolerance in crop plants［J］. Plant and Soil，1985（89）：15-40.

[5] 李跃进，苗青旺，陈昌和，等．土壤碱化和化学改良对土壤团粒结构的影响［J］．干旱区资源与环境，2006（1）：136-139.

[6] 俞仁培，尤文瑞．土壤盐化、碱化的监测与防治［M］．北京：科学出版社，1993.

[7] 高玉山．石膏改良苏打盐碱土田间定位试验研究［J］．吉林农业科学，2003，28（6）：26-31.

[8] 王静，孙兆军，张浩，等．燃煤烟气脱硫废弃物改良土壤种植沙枣效果研究［J］．中国农学通报，2011，27（28）：98-102.

[9] QADIR M, SCHUBERT S, GHAFOOR A, et al. Amelioration strategies for sodic soils: a review [J]. Land Degradation & Development, 2001, 12 (4): 357-386.
[10] ZUBLEV D G, BARSKY V D, KRAVCHENKO A V. Determining the air excess in the heating of coke furnaces. 1. Adequacy of the chemical analysis [J]. Coke and Chemistry, 2016, 59 (6): 217-220.
[11] 安东，李新平，张永宏，等．不同土壤改良剂对碱积盐成土改良效果研究 [J]. 干旱地区农业研究，2010，28 (5)：115-118.
[12] 任坤，任树梅，杨培岭，等．$CaSO_4$ 在改良碱化土壤过程中对其理化性质的影响 [J]. 灌溉排水学报，2006 (4)：77-80.
[13] 孙毅，高玉山，闫孝贡，等．石膏改良苏打盐碱土研究 [J]. 土壤通报，2001 (S1)：97-101.
[14] 王文杰，贺海升，祖元刚，等．施加改良剂对重度盐碱地盐碱动态及杨树生长的影响 [J]. 生态学报，2009，29 (5)：2272-2278.
[15] 殷志刚．土壤盐碱改良的对比分析研究 [J]. 新疆农业科学．2002，39 (3)：157-160.
[16] 王金满，杨培岭，任树梅，等．烟气脱硫副产物改良碱性土壤过程中化学指标变化规律的研究 [J]. 土壤学报，2005 (1)：98-105.
[17] 李焕珍，徐玉佩，杨伟奇，等．脱硫石膏改良强度苏打盐渍土效果的研究 [J]. 生态学杂志，1999 (1)：26-30.
[18] 樊丽琴，杨建国，尚红莺，等．脱硫石膏施用下宁夏龟裂碱土水盐运移特征 [J]. 中国土壤与肥料，2016 (3)：134-139.
[19] 王金满，杨培岭，付梅臣，等．脱硫副产物改良苏打碱土的田间效应分析 [J]. 灌溉排水学报，2008 (2)：

5-8.

[20] 赵锦慧．对石膏改良碱化土壤过程中发生的化学过程和物理过程的研究［D］．呼和浩特：内蒙古农业大学，2001.

[21] 刘广明，杨劲松，姚荣江．基于磁感式探测的分层土壤盐分精确解译模型［J］．农业工程学报，2010，26（1）：61-66.

[22] 刘文政，王遵亲，熊毅．我国盐渍土改良利用分区［J］．土壤学报，1978（2）：101-112.

[23] 刘云超．燃煤烟气脱硫副产物对碱土营养元素有效含量的影响研究［D］．呼和浩特：内蒙古农业大学，2008.

[24] 郭全恩．土壤盐分离子迁移及其分异规律对环境因素的响应机制［D］．杨凌：西北农林科技大学，2010.

12 烟气脱硫石膏的生态安全评价

燃煤中的重金属混入飞灰而进入烟气脱硫石膏中，并且由于不同电厂所用的煤种、去除二氧化硫的工艺和作为吸附剂的石灰石原料不同，烟气脱硫石膏中的重金属含量不同，因此在利用烟气脱硫石膏时需要评估其安全性[1-3]。作为燃煤电厂的脱硫副产物，烟气脱硫石膏中携带的重金属可随烟气脱硫石膏被释放到土壤、水体中或被植物吸收成为环境安全隐患。施用烟气脱硫石膏是否影响土壤重金属含量，是其改良滩涂盐碱土是否可行的关键[4]。因此，本章主要探讨烟气脱硫石膏的重金属安全以及烟气脱硫石膏施用前后的围垦滩涂盐碱地生态安全和施用的原则和建议。

12.1 烟气脱硫石膏与矿质石膏比较

烟气脱硫石膏和矿质石膏可以在各种土壤和水文地质条件下作为土壤修复剂。通常烟气脱硫石膏粒径小于 250μm，粒径主要集中在 30~60μm，一般烟气脱硫石膏的纯度均高于 90%。Dontsova 给出了烟气脱硫石膏与矿物石膏的区别（表 12-1）[5]。

表 12-1 烟气脱硫石膏与天然矿物石膏的矿物学和物理学特性比较

特性/元素	烟气脱硫石膏	矿物石膏
矿物存在	石膏、石英	石膏、石英、白云石
$CaSO_4 \cdot 2H_2O$（%）	99.6	87.1
水分（%）	5.55	0.38
不可溶残渣（%）	0.40	12.9
粒径>250μm（%）	0.14	100

与矿物石膏相比，烟气脱硫石膏无论在化学品质还是物理特性方面，都优于矿物石膏。烟气脱硫石膏和矿质石膏的主要组分都是

$CaSO_4 \cdot 2H_2O$，但烟气脱硫石膏中的 $CaSO_4 \cdot 2H_2O$ 含量高于天然矿质石膏，有时烟气脱硫石膏也包含少量的石英（SiO_2），矿质石膏包含石英和白云石［$CaMg(CO_3)_2$］。与矿质石膏相比，烟气脱硫石膏通常更细腻均匀，99%以上粒径小于250μm，纯度更高，高达99.6%，并且溶解度更高[6]。化学组分受煤炭类型、洗涤过程和脱硫过程中所用吸附剂的影响。烟气脱硫石膏因可大量获取，成本低，已成为矿物石膏的替代品，使用烟气脱硫石膏修复土壤可以避免贮存过程中的二次污染，为烟气脱硫石膏开拓了新的应用领域，又可以为土壤改良技术开辟新方法[7]。

表12-2提供了烟气脱硫石膏和方解石（矿质石膏）化学性质的对比。与方解石相比较，烟气脱硫石膏溶解度远远高于方解石，烟气脱硫石膏中可溶性的 Ca^{2+} 含量高于方解石中的可溶性 Ca^{2+} 含量，因此和方解石相比，在土壤利用钙源时只需施用很少剂量的烟气脱硫石膏就能提供和方解石等量甚至更多的可溶性 Ca^{2+}，并且烟气脱硫石膏中含有方解石所不能提供的大量植物生长所必需的S元素。

表12-2　两种土壤可利用钙源的化学性质比较

性质	烟气脱硫石膏（$CaSO_4 \cdot 2H_2O$）	方解石（$CaCO_3$）
分子量（g/mol）	172.2	100.1
Ca含量（%）	23.3	40.0
S含量（%）	18.6	0
标准溶解度	3.14×10^{-5}	3.36×10^{-9}

表12-3给出了烟气脱硫石膏与矿质石膏中的重金属含量与美国环保部污泥使用和处理标准的比较，可见，烟气脱硫石膏中的重金属含量相近或低于矿质石膏中的重金属含量，并远远低于美国环保部污泥使用和处理标准。

表12-3　烟气脱硫石膏和矿质石膏中的重金属含量比较[5]　（mg/kg）

元素	脱硫石膏	矿物石膏	Part503[8]
砷（As）	0.56	<0.52	41

（续表）

元素	脱硫石膏	矿物石膏	Part503[8]
镉（Cd）	<0.48	<0.48	39
铜（Cu）	1.16	1.33	1 500
铬（Cr）	1.30	1.38	1 200
铅（Pb）	0.80	2.92	300
镍（Ni）	0.73	1.42	420
汞（Hg）	<0.26	<0.26	17

Chen 等对比了烟气脱硫石膏和矿质石膏对土壤、土壤水、植物组织以及蚯蚓组织中这些重金属元素的浓度，研究发现，与施用矿质石膏相比施用烟气脱硫石膏后的土壤、土壤间隙水、植物组织以及蚯蚓组织中的重金属元素浓度与之持平，或更低[9]。

综上所述，烟气脱硫石膏只需要施用很少的剂量、较低的施用频率即可提供与矿质石膏等量或更多的钙元素，可以作为优于矿质石膏的替代品。并且，和矿质石膏相比，烟气脱硫石膏引入重金属元素与矿质石膏持平或更少，具有更好的生态安全性。

12.2　美国对烟气脱硫石膏生态安全的考量

经过20多年的不断努力，美国石膏协会和电力系统成功和安全地研发和推广了在石膏板制作中采用烟气脱硫石膏作为主要原材料的技术。为了使烟气脱硫石膏满足建材工业对石膏产品规格要求，燃煤电厂使用了多步骤的生产过程提高烟气脱硫石膏品质（Washed FG-DG）。全球著名的环境咨询公司 ARCADIS 评价结果表明，用于生产石膏板的烟气脱硫石膏都不是有害的物质，所有可获取的数据确认烟气脱硫石膏产品是安全的，不存在对人体健康或环境的任何风险[10]。美国国家环保局（US EPA）在其 2014 年 2 月《燃煤残渣有益使用评价：飞灰水泥和烟气脱硫石膏墙板》的最终报告中完全支持 ARCADIS 的评价结果，确认在使用的烟气脱硫石膏中重金属的含量均低于美国国家环保局关注的限值。美国国家环保局认为，以环境可靠的方式使用燃煤残渣能够获得显著的环境和经济效益。其所指的环境效益包括减少温室气体排放、减少燃煤残渣填埋处置，以及减少原始资源的使用；其所指的经济效益包括创造受益工业的工作机会、降低燃煤残渣处置的成本、出售烟气脱硫石膏的创收，以及采用烟气脱硫石膏取代其他昂贵材料的节约。美国国家环保局支持燃煤飞灰在水泥和烟气脱硫石膏在墙板制作中的有益使用，并相信这些有益使用为促进可持续的材料管理（Sustainable Materials Management, SMM）提供了重要的机会。

除了建材方面的用途之外，烟气脱硫石膏还有着更为重要的农业和环境效益。美国国家环保局（USEPA）于 2008 年发布《烟气脱硫石膏的农业用途（Agricultural Uses for Flue Gas Desulfurization（FGD）Gypsum）》文件，和美国农业部（USDA）一起支持烟气脱硫石膏的循环利用，但同时要求在使用烟气脱硫石膏之前必须对所使用的烟气脱硫石膏和所施放的土壤做分析评价，以确定环境和生态安全以及合适的使用量。美国国家环保局认为烟气脱硫石膏主要有 3 种农业用途：① 提供植物营养（例如 Ca 和 S）；② 改善土壤的物理结构和化学性质；③ 减少土壤中营养物质、沉积物、农药和其他污染物质向水体的输送。自 2001 年至 2013 年的 10 数年间，美国烟气脱硫石膏的农业使用量由总烟气脱硫石膏产量的 1% 提高到 5%。2015 年美国农业部宣布烟气脱硫石膏作为农用土壤改良剂为一项新的国家最佳实践，烟气脱硫石膏的农业使用量将大幅增加。烟气脱硫石膏的农业和环境用途已经越来越为人们所认识，这不仅是它在可持续的农业系统中有着广泛的应用，而且在大多数环境影响中也是积极的。

12.3 我国燃煤电厂烟气脱硫石膏的重金属含量

该研究采用的烟气脱硫石膏取自奇台县国信电厂，烟气脱硫石膏的重金属元素浓度情况见表 12-4。与试验碱土背景值和土壤环境质量标准[11]相比较，主要的危险污染元素的浓度（As 5.1mg/kg, Cr

0.47mg/kg，Pb 14.7mg/kg，Hg 0.20mg/kg）均远低于农用飞灰污染物控制标准（1987）。烟气脱硫石膏中除 Hg 以外其他重金属含量均低于供试土壤背景值并满足 GB 15618—1995 一级标准（自然背景），Hg 含量平均值虽然偏高，但仍满足 GB 15618—1995 二级标准（pH 值>7.5），具有良好的生态安全性。

表 12-4 烟气脱硫石膏的重金属含量 （mg/kg）

项目	As	Cr	Pb	Hg	Ni	Cu	Cd
烟气脱硫石膏	5.1	0.47L[a]	14.7	0.20	15.0	11.5	ND[b]
崇明东滩滩涂盐碱土	13.1	86.3	22.1	0.08	50.4	37.8	0.07
南汇东滩滩涂盐碱土	26.3	83.8	27.2	ND[b]	34.6	34.7	ND[b]
农用飞灰污染物控制标准[12]	75	500	500	ND[b]	300	500	10.0
土壤环境质量标准（二级）[11]	20	250	350	1.0	60	100	0.6
土壤环境质量标准（一级）[11]	15.0	90.0	35.0	0.15	40.0	35.0	0.2

注：[a] 数字表示检出限值，[L]低于检测限；[b]未检测。

本研究总结了 16 家国内燃煤发电厂的烟气脱硫石膏的重金属含量（表 12-5）[13]，并计算求得各重金属均值分别为 As 3.01mg/kg，Pb 4.71mg/kg，Cr 4.12mg/kg，Cd 0.12mg/kg 和 Hg 0.26mg/kg，从这些已经发表的研究报告中可以看出，烟气脱硫石膏重金属含量不高，但由于不同燃煤产地、不同脱硫过程控制等，某些电厂的烟气脱硫石膏中 Hg 偏高。

2016 年在此基础上又进一步总结中国 31 个电厂烟气脱硫石膏重金属含量（表 12-6）[21]。这 31 家电厂烟气脱硫石膏中各重金属含量范围分别为 As 0.10～17.0mg/kg，Pb 0.01～63.4mg/kg，Cr 0.47～69.2m/kg，Cd 0.01～2.10mg/kg 和 Hg 0.01～3.99mg/kg。其中 As、Hg、Pb、Cr 和 Cd 的均值均低于国家环境质量二级标准，As、Pb、Cr 和 Cd 含量的最大值仍低于该标准，部分电厂烟气脱硫石膏中的重金属汞 Hg 元素高于标准值。

表 12-5　我国若干燃煤电厂烟气脱硫石膏的重金属含量　(mg/kg)

工厂名称	重金属含量					参考文献
	As	Hg	Pb	Cr	Cd	
内蒙古海勃湾电厂	2.20	0.20	1.60	0.89	0.44	
内蒙古托克托电厂	0.21	0.20	8.30	2.70	2.10	
内蒙古乌拉山电厂	6.60	0.20	0.20	0.88	0.22	
内蒙古通辽电厂	6.60	0.20	0.60	1.70	0.21	
内蒙古霍林河电厂	0.10	0.10	0.10	2.00	0.10	
天津军粮城电厂	8.80	0.10	0.10	2.90	0.10	[14]
天津杨柳青电厂	17.00	0.10	1.60	1.50	0.10	
哈尔滨热电厂	0.01	0.01	0.01	4.00	0.01	
吉林珲春电厂	30.00	0.50	6.40	2.00	0.50	
北方某电厂	13.00	0.50	6.40	8.60	0.50	
甘肃张掖电厂	30	<1.00	6.4	2	<1.00	
太原第一热电厂		2.32				
上海吴淞电厂	5.1	0.20	14.7	0.47	—	[15]
山东愉悦电厂	0.43	0.07	2.8L	14.1	—	
宁夏马莲台火电厂	6.93	0.34	32	23.99	0.08	[16]
某地区 9 个燃煤电厂	0.71	0.20	30.0	14.0	0.19	[17]
北京石景山电厂	2.71	0.17	14.86	21.31	0.49	[18]
上海某电厂	5.10	0.20	14.7	—	—	[19]
山西省（有代表性的 8 个电厂）	1.60	1.60	23.3	23.5	0.06	
平均值	3.01	0.26	4.71	4.12	0.12	
2008（二级）[20]	20~45	0.2~1.5	50~80	120~350	0.25~1.0	
1995（一级）[11]	15	0.15	35	90	0.2	

表 12-6　中国 31 家电厂烟气脱硫石膏重金属含量　(mg/kg)

项目	As	Hg	Pb	Cr	Cd	参考文献
范围	0.10~17.0	0.01~3.99	0.01~63.4	0.47~69.2	0.01~2.10	[13] [17] [19]
均值	1.77	0.64	19.3	13.9	0.12	
土壤标准[11]	20	1.0	350	250	0.6	

通过对该试验烟气脱硫石膏重金属含量测定及相关试验研究表

明，除个别电厂烟气脱硫石膏 Hg 含量略有超标，其他重金属元素均低于标准值，不会对环境安全造成影响，因此，在施用前要考虑对烟气脱硫石膏的 Hg 含量进行测定。

电厂湿法脱硫过程中混入的飞灰携带大量重金属元素，Stehouwer 等的试验表明，飞灰量不超过 2/5 不会造成烟气脱硫石膏中的 As、Cd、Cr、Pb 和 Hg 含量超过美国环保局（USEPA）农用污泥标准[22]。

曹晴等采集我国 6 个地区 25 个典型燃煤发电厂的烟气脱硫石膏样品并分析了 Hg 含量，Hg 平均含量为 0.35mg/kg，浸出液中 Hg 的理论最大值为 0.07mg/kg[23]。烟气脱硫石膏中 Hg 含量接近 0.1mg/L (《固体废物浸出毒性浸出方法硫酸硝酸法》我国环保部规定的 Hg 含量标准限值)。

12.4 烟气脱硫石膏对土壤重金属的作用

12.4.1 对土壤中 As、Cd、Cr、Pb 和 Cu 的作用

表 12-7 给出了最大施用量（60mg/hm^2）烟气脱硫石膏和未施加烟气脱硫石膏的对照处理组试验区碱土中重金属含量。烟气脱硫石膏施入 2 年后（2017 年），和对照处理相比，0~30cm 土层的 As、Cr、Cu 和 Pb 四种重金属元素含量都有所降低。烟气脱硫石膏施用 4 年后 (2019 年)，烟气脱硫石膏处理和对照处理的土壤中 Cr、Cu、Pb 和 Cd 含量无差异，施用烟气脱硫石膏的土壤中 As 浓度略高，但仍低于土壤环境质量（修订）二级标准。施用烟气脱硫石膏 4 年间的两次检测结果表明，即使烟气脱硫石膏施用量达到 60mg/hm^2 也不会造成土壤重金属污染，改良后土壤中的这几种重金属含量均符合国家土壤环境质量（修订）二级标准。

表 12-7 烟气脱硫石膏施用后试验区重金属的变化 (mg/kg)

年份	石膏剂量	As	Cd	Cr	Pb	Cu
2013 年	0	20.0	ND[a]	64.1	26.8	32.6
	60	15.0	ND[a]	50.5	18.3	19.8

（续表）

年份	石膏剂量	As	Cd	Cr	Pb	Cu
2015 年	0	12.7	0.29	86.2	24.7	23.0
	60	15.6	0.27	85.8	24.5	22.1
土壤环境二级标准[20]		20~45	0.25~1.0	120~350	50~80	

注：[a] 未检测。

表 12-8　烟气脱硫石膏施用后南汇东滩围垦滩涂重金属的变化（2017 年）

（mg/kg）

烟气脱硫石膏	As	Cd	Cr	Pb	Cu
0	15.0	ND[a]	101	38.2	46.7
60	12.6	ND[a]	62.9	23.3	27.2
土壤环境质量二级标准[20]	20.0	0.60	250	350	100

注：[a] 未检测。

表 12-8 给出了最大施用量（60mg/hm^2）烟气脱硫石膏和未施加烟气脱硫石膏的对照处理组南汇东滩盐碱土中重金属含量。烟气脱硫石膏施入 2 年后（2017 年），和对照处理相比，0~30cm 土层的 As、Cr、Cu 和 Pb 四种重金属元素含量显著降低，并且低于土壤环境质量（修订）二级标准。

奇台县草原站农田区和奇台县奇台罐区均表明，即使烟气脱硫石膏施用量达到 60mg/hm^2 也不会造成土壤重金属污染，改良后所测的几种土壤重金属含量均符合国家土壤环境质量（修订）二级标准，表明烟气脱硫石膏施用到碱土中其所含的重金属不会污染土壤。

为了更加清楚地了解烟气脱硫石膏施用对土壤重金属的累积效应，本研究比对了有代表性的 5 篇相关文献，结果见表 12-9。烟气脱硫石膏中的部分重金属元素含量虽高于土壤背景值，但由于一般只施放一次，并且添加剂量很小，随着时间推移，土壤重金属浓度基本可以保持或者恢复到原来的背景值，低于国家土壤质量的二级标准（GB 15618—1995）。烟气脱硫石膏的施入并未引起土壤重金属浓度的累积，改良后土壤的重金属浓度符合 GB 15618—1995 国家土壤环境安全标准。这可能是由于烟气脱硫石膏能降低土壤对 Cd、Cu、Ni、

Zn、Pb 和 Cr 元素吸附作用[24]。利用烟气脱硫石膏改良碱化土壤基本不会对土壤重金属含量造成影响。

表 12-9 烟气脱硫石膏施用前后耕层土壤重金属含量变化

(mg/kg)

施用量	处理	As	Hg	Pb	Cr	Cu	Cd	参考文献
60	烟气脱硫石膏	5.1	0.20	14.7	0.47L[c]	11.5		
	对照处理	12.7	0.0001L	24.7	86.2	23.0	0.29	
	改良后（第4年）	15.6	0.0001L	24.5	85.8	22.1	0.27	
30	烟气脱硫石膏	22.0	<2.0	16	2.0		<1.0	[14]
	改良前背景值	11.5	0.04	49.2	66.0		0.094	
	改良后（第5年）	11.6	0.03	56.4	63.9		11.3	
37.5	烟气脱硫石膏	2.71	0.03	11.2	21.3		0.49	[18]
	原始土壤	12.9	0.17	14.9	63.1		0.61	
	施用后（2个月）	6.00	0.033	16.9	40.1		0.17	
45	烟气脱硫石膏	6.07	0.34	34.4	19.6		0.12	[25, 26]
	对照	11.0	0.09	51.6	50.8		0.11	
	改良后（4~18个月）	11.5	0.08	46.2	65.5		0.09	
	土壤环境质量二级标准（GB 15618—1995）	25.0	1.00	350	250		0.60	
2.2~20	烟气脱硫石膏	<1.28	0.62	<0.77	5.06	<0.38	0.32	[27]
	对照	8.86	0.042	13.6	28.5	8.09	0.96	
	改良后（4~18个月）	8.75	0.050	13.2	28.3	8.89	0.95	
23	烟气脱硫石膏			15.7	12.2	12.5		[28]
	对照			14.9	2.4	11.2		
	改良后（第4年）			15.0	2.3	11.7		

注：[a] 施用量均为所有烟气脱硫石膏处理中的最大施用量；所有引用的文献烟气脱硫石膏施用次数均为1次。

但目前对烟气脱硫石膏改良土壤过程中土壤重金属累积效应的相关研究较为匮乏，需要更多的更长期的试验来证明烟气脱硫石膏施用具有低的环境风险，从而推动烟气脱硫石膏在环境上的大面积应用。

关于烟气脱硫石膏提高作物产量、土壤质量和水质的相关研究越来越被人们所关注，美国在最主要的农业产区大量利用烟气脱硫石膏已有近30年的时间，在所进行的研究中，烟气脱硫石膏对环境的影响大部分是积极的，甚至连续施用 80 年也仅有很少的负面影响[29]。

12.4.2 对土壤中 Hg 的作用

随着我国燃煤电厂烟气脱硫设备的安装，产生大量的烟气脱硫石膏如果不恰当施用到土壤中将会对植物产生毒害作用，烟气脱硫石膏中的 Hg 很有可能溶出并经降雨淋洗进入水体，危害人类健康及威胁生态平衡。

从表 12-10 中可见，烟气脱硫石膏中的 Hg 含量虽然高于草原站农田区和奇台县奇台罐区盐碱土背景含量，却仍满足土壤环境质量标准（GB 15618—1995）二级标准（pH 值>7.5），而且最大施用量（$60mg/hm^2$）只是表层土壤的 10%。施放烟气脱硫石膏两年后（2013 年），测定碱化土壤中的 Hg 含量。测试结果也表明，即便在烟气脱硫石膏添加量为 $60mg/hm^2$，奇台县草原站农田区土壤样品提取液中 Hg 低于检测限（$n=14$），奇台县奇台罐区土样中只有一个样品 Hg 含量为 0.17mg/kg（$n=8$），略高于土壤质量一级标准。由于施入的烟气脱硫石膏最多也仅占土壤重量的 10%，且仅施放一次，施用混合后土壤中的重金属 Hg 可以保持在安全范围内，适量施用烟气脱硫石膏不会给环境带来不利的影响[13]。

表 12-10 烟气脱硫石膏施入前后耕层土壤重金属含量变化

（mg/kg）

试验区	烟气脱硫石膏情况	Hg 含量
奇台县草原站农田区	烟气脱硫石膏本底值	0.2
	烟气脱硫石膏施用量 $0mg/hm^2$	0.0001L[c]
	烟气脱硫石膏施用量 $60mg/hm^2$	0.0001L
奇台县奇台罐区	烟气脱硫石膏施用量 $0mg/hm^2$	0.0001L
	烟气脱硫石膏施用量 $60mg/hm^2$	0.0001L
标准	土壤环境质量二级标准[a]	1.0
	土壤环境质量一级标准[b]	0.15

注：[a] 土壤环境质量标准（GB 15618—1995）（pH 值>7.5）；[b] 土壤环境质量标准（GB 15618—1995）（pH 值>7.5）；[c] 表示未检出，其数值为该项目检出限。

烟气脱硫石膏往往比矿质石膏含有较高浓度的 Hg，美国烟气脱硫石膏中 Hg 的浓度范围在 10～1 400mg/kg（Chen et al.，2014；EPRI，2011），美国的研究人员也对其在农业或其他应用中 Hg 给予了高度关注。Briggs 等（2014）研究表明，Hg 可以从烟气脱硫石膏处理过的土壤释放到空气中。灌溉排水中总 Hg、甲基 Hg 的含量和植物中测量的总 Hg 浓度在处理和未处理的土壤中相近。Chen 等（2014）研究发现，烟气脱硫石膏处理的土壤和蚯蚓中的 Hg 相比，对照处理组和矿质石膏处理组略有增加。烟气脱硫石膏处理的土壤 Hg 浓度与对照基本没有显著差异。王淑娟等（2013）的研究表明，在烟气脱硫石膏 Hg 含量高于原始土壤和烟气脱硫石膏添加量接近 $40mg/hm^2$ 的情景下，土壤的 Hg 质量分数均低于土壤环境质量标准（GB 15618—1995）二级标准。

不同来源的烟气脱硫石膏中的重金属含量差异较大，因此施加前有必要检测重金属含量，并注意不要过量施加。从目前已经获得的数据上看，烟气脱硫石膏在农业和环境上的应用必须重视烟气脱硫石膏中含有的重金属尤其是 Hg 可能对土壤和其他环境造成的影响，即要设立用于农业和环境的烟气脱硫石膏的重金属标准。

12.5 烟气脱硫石膏使用原则和建议

由于烟气脱硫石膏使用存在一些可能引起生态和环境安全的污染物质（例如我国的烟气脱硫石膏混有含重金属的飞灰，也可能富集一些重金属，例如 Hg、Pb、Zn、Cd 等），大规模循环利用必须进行风险评估，按照一定的质量标准和规范指南进行，并在使用过程对可能产生的生态和环境安全问题采取预处理、风险规避或防范措施。

为了科学地使用烟气脱硫石膏，确保土壤环境的生态安全，必须考虑以下几点。

（1）使用烟气脱硫石膏的特殊目的（例如脱盐或增加产量等）。

（2）烟气脱硫石膏的重金属含量。

（3）土壤重金属的背景含量。

其中，土壤重金属的背景含量是计算烟气脱硫石膏安全使用量的基础。

表 12-11　烟气脱硫石膏使用情景及建议

重金属含量	使用建议	试验研究
烟气脱硫石膏<土壤背景	可以直接使用	一般不需要
烟气脱硫石膏部分重金属>土壤背景	尽可能减少烟气脱硫石膏的使用量和使用次数	需要一定的试验研究（土壤）评估可能风险
烟气脱硫石膏大部分重金属>土壤背景	慎用或弃用	需要试验研究（土壤和作物）评估可能生态和安全风险

国家工业和信息化部 2011 年 12 月 20 日发布并正式实施 JC/T 2074—2011《烟气脱硫石膏》行业标准。这是我国化学石膏应用的第一部基础原材料标准，适用于采用石灰石/石灰—石膏湿法对含硫烟气进行脱硫净化处理而产生的以主要成分为 $CaSO_4 \cdot 2H_2O$ 的烟气脱硫石膏。该标准的技术参数为气味、含水率、硫酸钙含量、水溶性氧化镁、水溶性氧化钠、pH、氯离子，主要是针对建筑材料/产品，没有重金属含量指标。目前还没有烟气脱硫石膏农业和环境用途的重金属含量指导限值，建议如下。

采用《土壤环境质量标准》（GB 15618—1995）的一级标准作为烟气脱硫石膏农业和环境用途的指导限值的Ⅰ级标准（用于庄稼蔬菜等与食物链有关的用地），采用《土壤环境质量农用地土壤污染风险管控标准（试行）》（GB 15618—2018），土壤无机物污染物的环境质量第二级标准值的最小值作为烟气脱硫石膏农业和环境用途的指导限值的Ⅱ级标准（用于林地滩涂娱乐等用地）。土壤环境指标及分级（汪雅谷，1997）第 1 级（背景区），土壤中各种重金属皆处于背景水平范围内，土壤尚未受到污染，不会对种植的蔬菜生长产生不利的影响，也不造成重金属累积。第 2 级（安全区），土壤中各种重金属有了明显积累，但对蔬菜的生长无不利影响，但某些重金属元素可能在蔬菜中略有累积，然而重金属含量不超出标准。

根据表 12-12 的分析，除了个别燃煤电厂烟气脱硫石膏 Hg 以外，燃煤电厂的烟气脱硫石膏重金属平均含量一般都低于《土壤环境质量标准》（GB 15618—1995）的一级标准，可用于庄稼、蔬菜等农业用地的土壤改良或环境（例如面源控制）污染物控制；也低于

《土壤环境质量标准（修订）》（GB 15618—2008），土壤无机物污染物的环境质量第二级标准值的最小值，可用于非食物链的其他用地（例如林地、滩涂、娱乐等）的土壤改良或环境污染物控制。

表 12-12 拟定的烟气脱硫石膏中重金属的指导限值 (mg/kg)

项目	As	Hg	Pb	Cr	Cd	用途
表 12-6 中平均值	1.77	0.64	19.3	13.9	0.12	
土壤质量标准 2008（二级）	20	0.2	50	120	0.25	用于林地滩涂娱乐用地
土壤质量标准 1995（一级）	15	0.15	35	90	0.20	用于庄稼蔬菜等用地

利用烟气脱硫石膏改良围垦滩涂土壤时携带进来的重金属是否会对生态环境造成不利影响是烟气脱硫石膏在滨海滩涂地区应用上是否可行的关键。当烟气脱硫石膏所关注的重金属含量都小于土壤重金属的背景含量时，使用烟气脱硫石膏一般不会产生生态安全性问题；当烟气脱硫石膏部分所关注的重金属含量都大于土壤重金属的背景含量时，要就尽可能地减少烟气脱硫石膏的使用量和使用次数，以免造成土壤重金属的累积；当烟气脱硫石膏多数重金属含量大于土壤重金属的背景含量时，要慎用或弃用烟气脱硫石膏。后两者情况下，还应该做一些实验室和现场研究，评估烟气脱硫石膏的重金属可能给土壤和作物带来的生态安全风险。

特别关注烟气脱硫石膏中重金属元素 Hg，一般不采用 Hg 超过标准值的烟气脱硫石膏，即便是作为建材使用，也要控制烟气脱硫石膏中的 Hg 含量。

12.6 小结

研究所采用的烟气脱硫石膏除 Hg 以外其他重金属浓度均低于围垦滩涂盐碱土背景值和 GB 15618—1995 一级标准（自然背景），不会对土壤环境安全产生影响。烟气脱硫石膏中 Hg 的浓度虽然高于土壤背景值，却仍满足 GB 15618—1995 二级标准（pH>7.5）。当烟气脱硫石膏 Hg 浓度高于围垦滩涂土壤背景值，施用量为 60mg/hm^2 时土壤 Hg 仍未高出土壤背景值。因此，烟气脱硫石膏可以安全施用。

从目前已经获得的数据上看，我国烟气脱硫石膏重金属含量不高，不会对环境安全造成影响，但由于燃煤产地、脱硫过程控制等的差异，某些电厂的烟气脱硫石膏中 Hg 偏高。因此，烟气脱硫石膏在施用前要考虑对其中 Hg 含量进行测定。

建议采用《土壤环境质量标准》GB 15618—1995 的一级标准作为烟气脱硫石膏农业和环境用途的指导限值的 I 级标准，采用《土壤环境质量标准（修订）》（GB 15618—2008），土壤无机物污染物的环境质量第二级标准值的最小值作为烟气脱硫石膏农业和环境用途的指导限值的Ⅱ级标准。

参考文献

[1] 王相平，杨劲松，张胜江，等．石膏和腐植酸配施对干旱盐碱区土壤改良及棉花生长影响［J/OL］土壤：1-6［2020-05-17］. https：//doi. org/10. 13758/j.cnki.tr.2020. 02. 015.

[2] 张伶波，陈广锋，田晓红，等．盐碱土石膏与有机物料组合对作物产量与籽粒养分含量的影响［J］. 中国农学通报，2017，33（12）：12-17.

[3] 闫治斌，秦嘉海，王爱勤，等．盐碱土改良材料对草甸盐土理化性质与玉米生产效益的影响［J］. 水土保持通报，2011，31（2）：122-127.

[4] 司振江，黄彦．苏打盐碱土改良及生态环境修复效果评价［J］. 黑龙江水专学报，2008，35（04）：53-56.

[5] DONTSOVA K，LEE Y B，SLATER B K，et al. Bigham. Gypsum for agricultural use in Ohio-sources and quality of available products［DBIOL］. Ohio State University Extension Fact Sheet，2005. http：//ohioline. osu. edu/anrfact/0020. html.

[6] AMEZKETA E，ARAGUES R，GAZOL R. Efficiency of sulfuric acid，mined gypsum，and two gypsum by-products in soil crus-

ting prevention and sodic soil reclamation [J]. Agronomy Journal, 2005, 97 (3): 983-89.

[7] 杨柳青. 新疆盐碱土改良技术 [J]. 新疆农业科技, 1994 (2): 27.

[8] UNITED STATES ENVIRONMENTAL PROTECTION AGENCY. Agricultural uses for flue gas desulfurization (FGD) gypsum. EPA530-F-08-009 [R/OL]. United States Environmental Protection Agency, 2008. www. epa. gov/ osw.

[9] CHEN L, RAMSIER C, BIGHAM J, et al. Oxidation of FGD-CaS03 and effect on soil chemical properties when applied to the soil surface [J]. Fuel, 2009, 88 (7): 1167-1172.

[10] USDA (2006) Fact sheet: Gypsum. National Soil Erosion Research Laboratory, WestLafayette, IN, 2010. httpalwww. ars. usda. gov/sp2UserFiles/Placel36021500/Gyp - sumfacts. pdf.

[11] GB 15618—1995 土壤环境质量标准 [S].

[12] GB 8173—87 农用粉煤灰污染物控制标准 [S].

[13] 李小平, 刘晓臣, 毛玉梅, 等. 烟气脱硫石膏对围垦滩涂土壤的脱盐作用 [J]. 环境工程技术学报, 2014, 6 (4): 503-507.

[14] 李彦, 张峰举, 王淑娟, 等. 脱硫石膏改良碱化土壤对土壤重金属环境的影响 [J]. 中国农业科技导报, 2010, 12 (6): 86-89.

[15] 王立志, 陈明昌, 张强, 等. 脱硫石膏及改良盐碱地效果研究 [J]. 中国农学通报, 2011, 27 (20): 241-245.

[16] 张峰举, 肖国举, 罗成科, 等. 脱硫石膏对次生碱化盐土的改良效果 [J]. 河南农业科学, 2010 (2): 49-53.

[17] 杜晓光, 马筠, 吴颖庆, 等. 火电厂燃煤及固体产物中危害元素的测定方法、迁移规律及对环境影响研究 [J]. 热力发电, 2010, 39 (11): 16-21, 40.

[18] 王淑娟，陈群，李彦，等．重金属在燃煤烟气脱硫石膏改良盐碱土壤中迁移的实验研究［J］. 生态环境学报，2013，22（5）：851-856.
[19] 李丽君，张强，刘平，等．火电厂烟气脱硫石膏重金属含量监测与分析［J］. 水土保持学报，2015，29（2）：209-214.
[20] GB 15618—2008 土壤环境质量标准（修订）［S］.
[21] 毛玉梅，李小平．烟气脱硫石膏对滨海滩涂盐碱地的改良效果研究［J］. 中国环境科学，2016，36（1）：225-231.
[22] STEHOUWER R C，SUTTON P，DICK W A. Compost and calcium surface treatment effects on subsoil chemistry in acidic minespoil columns［J］. Journal of Environmental Quality，2003，32：781-788.
[23] 曹晴，邓双，王相凤，等．燃煤电厂固体副产物中汞含量测定及对环境影响研究［A］. 中国环境科学学会．中国环境科学学会学术年会论文集（第三卷）［C］. 中国环境科学学会，2012：2131-2135.
[24] 童泽军，李取生，周永胜．烟气脱硫石膏对滩涂围垦土壤重金属解吸及残留形态的影响［J］. 生态环境学报，2009，18（6）：2172-2176.
[25] 王彬，肖国举，毛桂莲，等．燃煤烟气脱硫废弃物对盐碱土的改良效应及对向日葵生长的影响［J］. 植物生态学报，2010，34（10）：1227-1235.
[26] 王彬．脱硫废弃物施用对盐碱土壤和植物的影响研究［D］. 银川：宁夏大学，2010.
[27] CHEN L，KOST D，TIAN Y，et al. Effects of gypsum on trace metals in soils and Earthworms［J］. Journal of Environment Quality，2014，43（1）：263-272.
[28] CHEN L，DICK W A，NELSON S. Flue gas desufurization by-products additions to acid soil：alfalfa productivity and

environmental quality [J]. Environmental Pollution, 2001, 114 (2): 161-168.

[29] WATTS D B, DICK W A. Sustainable Uses of FGD Gypsum in Agricultural Systems: Introduction [J]. Journal ofEnvironmental Quality, 2014, 43 (1): 246-52.